1章 数列

1節 数列とその和

1 数列と一般項

➡教 p.6,7

例1

例2

まとめ

1　問題文

➡教 p.6　問1

2　問題文

➡教 p.6　問2

ステップノート 数学B

数B 706 「高校数学B」完全準拠

もくじ

1章 数列

1節 数列とその和

1 数列と一般項 …… 2
2 等差数列 …… 4
3 等比数列 …… 10

2節 いろいろな数列

1 和を表す記号 …… 16
2 階差数列 …… 20

3節 漸化式と数学的帰納法

1 漸化式 …… 23
2 数学的帰納法 …… 27
……演習問題 …… 28

2章 統計的な推測

1節 確率変数と確率分布

1 確率とその基本性質 …… 30
2 確率変数と確率分布 …… 32
3 二項分布 …… 36

2節 正規分布

1 確率密度関数 …… 38
2 正規分布 …… 39
3 二項分布と正規分布 …… 43

3節 統計的な推測

1 母集団と標本 …… 44
2 標本平均の分布 …… 45
3 母平均の推定 …… 47
4 仮説検定 …… 48
……演習問題 …… 49

……略解 …… 50
……公式集 …… 54
……数表 …… 巻末

1章 数列

1節 数列とその和

1 数列と一般項

➡教 p.6, 7

例1 次の数列の初項，末項，項数を答えてみよう。

3，7，11，15，19，23

▶ 初項は **3**，末項は **23**，項数は **6** である。

数列の初項・末項・項数

項数 6

3，7，11，15，19，23

↑初項　　末項↑

例2 次の数列について，□にあてはまる数を入れてみよう。

1，2，4，□，11，16，22，□，……

▶ 1 に次々と 1，2，3，4，……をたして できる数の列と考えられるので，左から順に

7，29

1 次の数列の初項，末項，項数を答えなさい。 ➡教 p.6 問1

(1) 1，5，9，13，17

(2) 8，16，24，32，40，48

(3) -2，-4，-6，-8

2 次の数列について，□にあてはまる数を入れなさい。 ➡教 p.6 問2

(1) 6，13，20，□，34，□，……

(2) 1，□，9，16，25，□，……

(3) -3，6，□，24，-48，□，……

(4) 1，$\frac{2}{3}$，□，$\frac{8}{27}$，□，$\frac{32}{243}$，……

例3 一般項が $a_n = 4n - 3$ で表される数列について，
初項から第3項までを求めてみよう。

$a_1 = 4 \times 1 - 3 = \mathbf{1}$

$a_2 = 4 \times 2 - 3 = \mathbf{5}$

$a_3 = 4 \times 3 - 3 = \mathbf{9}$

例4 数列　5，10，15，20，25，……
の一般項を求めてみよう。

$a_1 = 5 = 5 \times 1$

$a_2 = 10 = 5 \times 2$

$a_3 = 15 = 5 \times 3$

……

と表される。よって，一般項は

$a_n = 5 \times n = \mathbf{5n}$

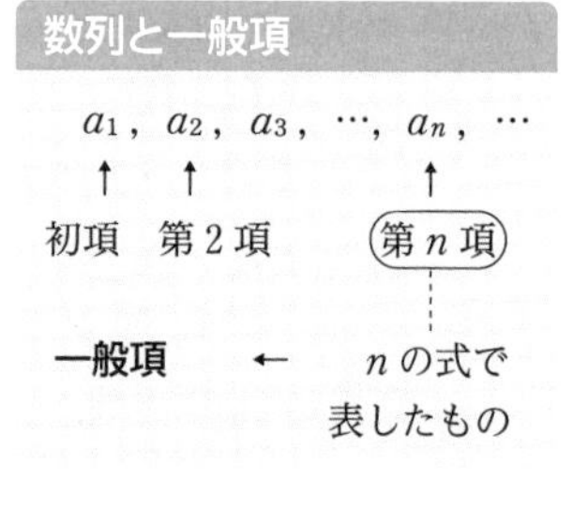

3 一般項が次の式で表される数列の初項から第5項までを求めなさい。

教p.7　問3

(1) $a_n = 3n + 5$

(2) $a_n = 5 \times (-2)^n$

4 次の数列の一般項を求めなさい。

教p.7　問4

(1) 6，12，18，24，……

(2) 5，25，125，625，……

(3) -7，-14，-21，-28，……

(4) -2，4，-8，16，……

2 等差数列

➲教 p. 8〜13

例5 次の等差数列の初項，公差，第5項を求めてみよう。

(1) 4，9，14，19，……

(2) 7，4，1，-2，……

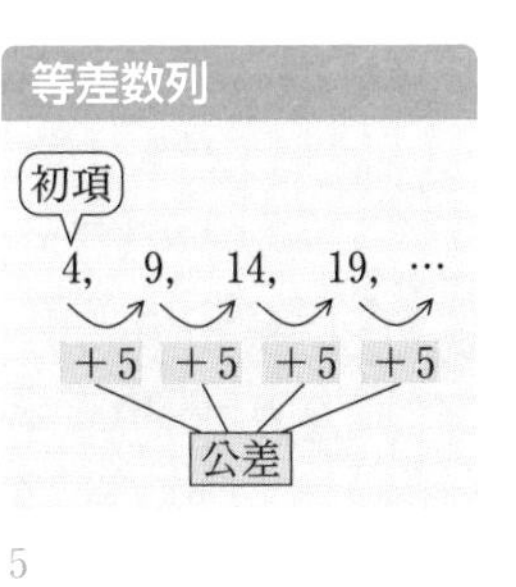

▶ (1) 初項は**4**，公差は**5**である。 ←公差は $9-4=5$

また，第5項は**24**である。 ←第5項は $19+5=24$

(2) 初項は**7**，公差は**-3**である。 ←公差は $4-7=-3$

また，第5項は**-5**である。 ←第5項は $-2+(-3)=-5$

5 次の等差数列の初項，公差，第5項を求めなさい。 ➲教 p. 8 問5

(1) 6，9，12，15，……

(2) 11，12，13，14，……

(3) 10，16，22，28，……

(4) 1，8，15，22，……

6 次の等差数列の初項，公差，第5項を求めなさい。 ➲教 p. 8 問5

(1) -7，-2，3，8，……

(2) 9，2，-5，-12，……

(3) -3，-9，-15，-21，……

(4) 1，$\frac{3}{2}$，2，$\frac{5}{2}$，……

例 6 次の等差数列の一般項と第 9 項を求めてみよう。

(1) 5, 9, 13, 17, ……

(2) 5, 2, -1, -4, ……

(1) 初項 5，公差 4 だから，一般項 a_n は

$$a_n = 5 + (n-1) \times 4 = \mathbf{4n+1}$$

第 9 項は，この式に $n=9$ を代入して

$$a_9 = 4 \times 9 + 1 = \mathbf{37}$$

(2) 初項 5，公差 -3 だから，一般項 a_n は

$$a_n = 5 + (n-1) \times (-3) = \mathbf{-3n+8}$$

第 9 項は，この式に $n=9$ を代入して

$$a_9 = -3 \times 9 + 8 = \mathbf{-19}$$

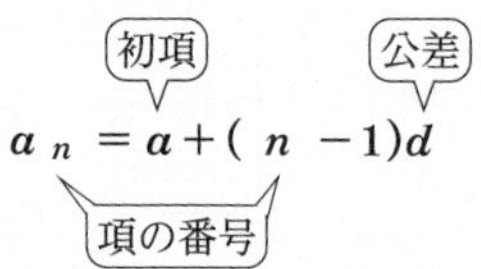

第●項の求め方

一般項 a_n の式に $n=$ ● を代入する。

7 次の等差数列の一般項と第 7 項を求めなさい。 ➲教 p. 9 問 6

(1) 6, 10, 14, 18, ……

(2) 2, 9, 16, 23, ……

(3) -4, -6, -8, -10, ……

8 次の等差数列の一般項と第 8 項を求めなさい。 ➲教 p. 9 問 6

(1) -7, -3, 1, 5, ……

(2) 8, 4, 0, -4, ……

(3) 2, $\frac{5}{3}$, $\frac{4}{3}$, 1, ……

例7 初項 -8，公差 3 の等差数列の一般項を求めてみよう。
また，28 はこの数列の第何項か求めてみよう。

a_1, a_2, a_3, …, $a_●$
← -8, -5, -2, …, 28
+3 +3 +3 +3

▶ 初項 -8，公差 3 だから，一般項 a_n は

$$a_n = -8 + (n-1) \times 3$$
$$= \mathbf{3n - 11}$$

← $a_n = a + (n-1)d$　（a: -8，d: 3）

ここで，28 を第 n 項とすると

$$3n - 11 = 28$$
$$n = 13$$

$3n = 39$

よって，28 は**第 13 項**である。

9 初項 6，公差 2 の等差数列の一般項を求めなさい。
また，20 はこの数列の第何項か求めなさい。 ➲教p. 10 問 7

10 初項 -4，公差 -3 の等差数列の一般項を求めなさい。
また，-64 はこの数列の第何項か求めなさい。 ➲教p. 10 問 7

例 8 第 2 項が 3，第 5 項が 15 である等差数列の一般項を求めてみよう。

2 つの項から一般項を求める

初項を a，公差を d とおいて，2 つの項を a，d を使った式で表す。

初項を a，公差を d とする。

第 2 項は $a+d$，第 5 項は $a+4d$ と表せるから

←$a_n=a+(n-1)d$ より
$a_2=a+(2-1)d$
$a_5=a+(5-1)d$

$$\begin{cases} a+d=3 & \text{------①} \\ a+4d=15 & \text{------②} \end{cases}$$

②－① から

$3d=12$ となり　$d=4$

これを①に代入して　$a=-1$

よって，一般項 a_n は

$a_n=-1+(n-1)\times 4$

$=\boldsymbol{4n-5}$

11 第 5 項が 3，第 12 項が 17 である等差数列の一般項を求めなさい。

➲教p. 10　問 8

12 第 3 項が 5，第 7 項が －15 である等差数列の一般項を求めなさい。

➲教p. 10　問 8

検

例 9 等差数列　5, 13, 21, 29, 37, 45, 53　の和 S を求めてみよう。

▶ 初項 5, 末項 53, 項数 7 だから

$$S=\frac{1}{2}\times 7\times(5+53)$$

$$=7\times 29=\mathbf{203}$$

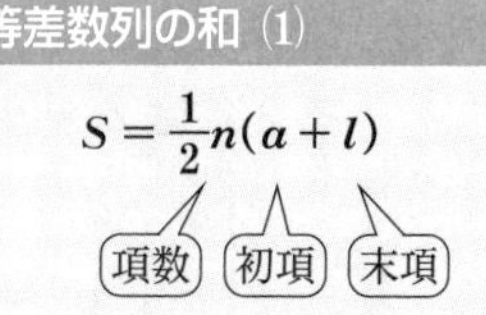

例 10 等差数列　7, 11, 15, 19, ……, 67　の初項から末項までの和 S を求めてみよう。

▶ 初項 7, 公差 4 だから，一般項 a_n は

$$a_n=7+(n-1)\times 4=4n+3$$

←項数を調べるために，まず，一般項を求める。

末項 67 を第 n 項とすると

$4n+3=67$　から　$n=16$

←項数を調べる。

よって，項数 16 だから

$$S=\frac{1}{2}\times 16\times(7+67)=\mathbf{592}$$

←$S=\frac{1}{2}n(a+l)$ に代入する。

13 次の等差数列の和 S を求めなさい。

➲教 p. 12　問 9

(1)　初項 4, 末項 39, 項数 6

(2)　初項 −7, 末項 −31, 項数 7

(3)　9, 14, 19, 24, 29, 34, 39

(4)　11, 7, 3, −1, −5, −9, −13, −17

14 次の等差数列の初項から末項までの和 S を求めなさい。

➲教 p. 12　問 10

(1)　16, 22, 28, 34, ……, 70

(2)　3, −4, −11, −18, ……, −46

例11 等差数列　8, 15, 22, 29, 36, ……　の初項から第10項までの和 S を求めてみよう。

初項8, 公差7, 項数10だから

$$S=\frac{1}{2}\times10\times\{2\times8+(10-1)\times7\}$$
$$=5\times79$$
$$=\mathbf{395}$$

等差数列の和 (2)

$$S=\frac{1}{2}n\{2a+(n-1)d\}$$

初項　公差　項数

↑末項がわからなくても，和が求められる。

例12 1から19までの自然数の和 S を求めてみよう。

$$S=\frac{1}{2}\times19\times(19+1)$$ ←$\frac{1}{2}n(n+1)$

19

$$=\frac{1}{2}\times19\times20$$
$$=\mathbf{190}$$ ←$1+2+\cdots\cdots+19=190$

自然数の和

$$1+2+3+\cdots\cdots+n=\frac{1}{2}n(n+1)$$

15 次の等差数列の和 S を求めなさい。

➲教 p. 13　問 11

(1)　4, 14, 24, 34, 44, ……
の初項から第8項までの和 S

(2)　-3, -9, -15, -21, -27, ……
の初項から第10項までの和 S

16 次の自然数の和 S を求めなさい。

➲教 p. 13　問 12

(1)　1から15までの自然数の和 S

(2)　1から40までの自然数の和 S

(3)　$1+2+3+\cdots\cdots+50$

検

3 等比数列

➲教 p. 14〜18

例 13 次の等比数列の初項，公比，第 5 項を求めてみよう。

(1) 4，8，16，32，……

(2) 6，-18，54，-162，……

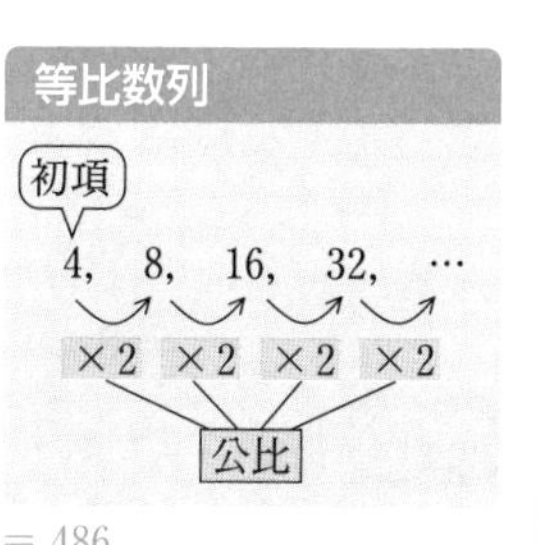

▶ (1) 初項は **4**，公比は **2** である。　←公比は $8 \div 4 = 2$

また，第 5 項は **64** である。　←第 5 項は $32 \times 2 = 64$

(2) 初項は **6**，公比は **−3** である。　←公比は $-18 \div 6 = -3$

また，第 5 項は **486** である。　←第 5 項は $-162 \times (-3) = 486$

17 次の等比数列の初項，公比，第 5 項を求めなさい。 ➲教 p. 14　問 13

(1) 6，12，24，48，……

(2) 3，15，75，375，……

(3) -5，15，-45，135，……

(4) -2，-8，-32，-128，……

18 次の等比数列の初項，公比，第 5 項を求めなさい。 ➲教 p. 14　問 13

(1) 32，16，8，4，……

(2) 125，25，5，1，……

(3) -81，27，-9，3，……

(4) 3，$\frac{3}{2}$，$\frac{3}{4}$，$\frac{3}{8}$，……

例 14 次の等比数列の一般項と第 6 項を求めてみよう。

8, 24, 72, 216, ……

初項 8, 公比 3 だから，一般項 a_n は

$a_n = \mathbf{8 \times 3^{n-1}}$

第 6 項は，この式に $n = 6$ を代入して

$a_6 = 8 \times 3^{6-1}$

$= 8 \times 3^5$

$= 8 \times 243 = \mathbf{1944}$

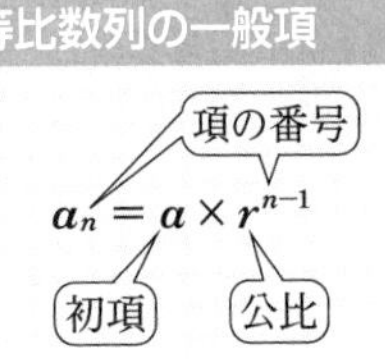

19 次の等比数列の一般項と第 6 項を求めなさい。 ➲教 p. 15 問 14

(1) 9, 18, 36, 72, ……

(2) 2, −6, 18, −54, ……

(3) −5, 10, −20, 40, ……

20 次の等比数列の一般項と第 7 項を求めなさい。 ➲教 p. 15 問 14

(1) 1, 10, 100, 1000, ……

(2) 5, $\frac{5}{2}$, $\frac{5}{4}$, $\frac{5}{8}$, ……

(3) 2, $-\frac{4}{3}$, $\frac{8}{9}$, $-\frac{16}{27}$, ……

例 15 初項 6，公比 5 の等比数列の一般項を求めてみよう。
また，3750 はこの数列の第何項か求めてみよう。

a_1, a_2, a_3, …, $a_●$
← 6, 30, 150, …, 3750
×5 ×5 ×5 ×5

▶ 初項 6，公比 5 だから，一般項 a_n は

$$a_n = \mathbf{6 \times 5^{n-1}}$$

←$a_n = a \times r^{n-1}$
6　5

ここで，3750 を第 n 項とすると

$$6 \times 5^{n-1} = 3750 \text{ から}$$
$$5^{n-1} = 625$$
$$5^{n-1} = 5^4$$
$$n - 1 = 4$$
$$n = 5$$

$5^● = 5^▲$ のとき
● = ▲

よって，3750 は**第 5 項**である。

21 初項 5，公比 3 の等比数列の一般項を求めなさい。
また，1215 はこの数列の第何項か求めなさい。 ➲教 p. 16　問 15

22 初項 −6，公比 −2 の等比数列の一般項を求めなさい。
また，768 はこの数列の第何項か求めなさい。 ➲教 p. 16　問 15

例16 第3項が20，第5項が80である等比数列の一般項を求めてみよう。

初項を a，公比を r とする。

第3項は ar^2，第5項は ar^4 と表せるから

$$\begin{cases} ar^2 = 20 & \text{------①} \\ ar^4 = 80 & \text{------②} \end{cases}$$

②÷①から

$r^2 = 4$ となり　$r = \pm 2$

$r^2 = 4$ を①に代入して　$a = 5$

よって，一般項 a_n は

$a_n = \mathbf{5 \times 2^{n-1}}$ または $a_n = \mathbf{5 \times (-2)^{n-1}}$

2つの項から一般項を求める

初項を a，公比を r とおいて，2つの項を a，r を使った式で表す。

←$a_n = ar^{n-1}$ より

$a_3 = ar^{3-1}$

$a_5 = ar^{5-1}$

23 第3項が12，第5項が48である等比数列の一般項を求めなさい。

➲教p. 16　問16

24 第3項が−45，第6項が1215である等比数列の一般項を求めなさい。

➲教p. 16　問16

検

例 17 次の等比数列の和 S を求めてみよう。

(1) 5, 15, 45, 135, 405

(2) 7, 14, 28, 56, …… の初項から第 6 項まで

▶ (1) 初項 5, 公比 3, 項数 5 だから

$$S=\frac{5\times(3^5-1)}{3-1}$$

$$=\frac{5\times242}{2}=\mathbf{605}$$

$3^5=243$

(2) 初項 7, 公比 2, 項数 6 だから

$$S=\frac{7\times(2^6-1)}{2-1}$$

$$=\frac{7\times63}{1}=\mathbf{441}$$

$2^6=64$

等比数列の和

初項　項数

$$S=\frac{a\times(r^n-1)}{r-1}$$

公比　$(r\neq1)$

25 次の等比数列の和 S を求めなさい。

教 p. 18　問 17

(1) 初項 6, 公比 3, 項数 5

(2) 初項 1, 公比 2, 項数 7

26 次の等比数列の和 S を求めなさい。

教 p. 18　問 17

(1) 6, 12, 24, 48, 96, 192

(2) 8, 24, 72, 216, …… の初項から第 5 項まで

例18 等比数列　7，-14，28，-56，112　の和 S を求めてみよう。

初項7，公比 -2，項数5だから

$$S=\frac{7\times\{(-2)^5-1\}}{(-2)-1}$$

$$=\frac{7\times(-33)}{-3}$$

$$=7\times11=\mathbf{77}$$

$(-2)^5=-32$

↑$r<1$ のときの等比数列の和は $S=\frac{a(1-r^n)}{1-r}$ を用いると分母が正になり，計算しやすい。

$$S=\frac{7\times\{1-(-2)^5\}}{1-(-2)}$$

$$=\frac{7\times33}{3}=77$$

等比数列の和

$$S=\frac{a(r^n-1)}{r-1}$$

$$=\frac{a(1-r^n)}{1-r}$$

27 次の等比数列の和 S を求めなさい。

教p.18　問18

(1)　初項5，公比 -2，項数7

(2)　初項1，公比 -3，項数6

28 次の等比数列の和 S を求めなさい。

教p.18　問18

(1)　4，-8，16，-32，64

(2)　1，-10，100，-1000，……
の初項から第6項まで

2節 いろいろな数列

1 和を表す記号

➡教 p. 20〜25

例19 次の和を Σ を用いない式で表してみよう。

(1) $\sum_{k=1}^{4} 6k$　　(2) $\sum_{k=1}^{5} 4^k$

▶ (1) $\sum_{k=1}^{4} 6k = \mathbf{6\times1+6\times2+6\times3+6\times4}$

(2) $\sum_{k=1}^{5} 4^k = \mathbf{4^1+4^2+4^3+4^4+4^5}$

和の記号 Σ

$\sum_{k=1}^{4} 6k$ （$k=4$ まで）

$= 6\times1+6\times2+6\times3+6\times4$

$k=1$　$k=2$　$k=3$　$k=4$

6k の k に 1 から順に代入

例20 次の和を Σ を用いて表してみよう。

(1) $7+14+21+28+35+42$

(2) $8+8^2+8^3+8^4$

▶ (1) $7+14+21+28+35+42 = \sum_{k=1}^{6} \mathbf{7k}$　←$7\times1+7\times2+7\times3+\cdots\cdots+7\times6$

(2) $8+8^2+8^3+8^4 = \sum_{k=1}^{4} \mathbf{8^k}$

29 次の和を Σ を用いない式で表しなさい。

➡教 p. 20 問1

(1) $\sum_{k=1}^{5} 10k$

(2) $\sum_{k=1}^{6} k^3$

(3) $\sum_{k=1}^{4} \left(\frac{1}{2}\right)^k$

30 次の和を Σ を用いて表しなさい。

➡教 p. 20 問2

(1) $9+18+27+36+45+54+63$

(2) $6+6^2+6^3+6^4+6^5$

(3) $\frac{1}{\sqrt{1}}+\frac{1}{\sqrt{2}}+\frac{1}{\sqrt{3}}+\frac{1}{\sqrt{4}}+\frac{1}{\sqrt{5}}+\frac{1}{\sqrt{6}}$

例 21 次の和を求めてみよう。

(1) $\sum_{k=1}^{10} 7 = 10 \times 7$
$= \mathbf{70}$ ←$\underbrace{7+7+7+\cdots\cdots+7}_{10個} = 70$

←$\sum_{k=1}^{n} c = nc$

(2) $\sum_{k=1}^{14} k = \frac{1}{2} \times 14 \times (14+1)$
$= \frac{1}{2} \times 14 \times 15$
$= \mathbf{105}$ ←$1+2+3+\cdots\cdots+14 = 105$

自然数の和

$1+2+3+\cdots\cdots+●$
↓
$\sum_{k=1}^{●} k = \frac{1}{2} \times ● \times (●+1)$

(3) $\sum_{k=1}^{9} k^2 = \frac{1}{6} \times 9 \times (9+1) \times (2 \times 9+1)$
$= \frac{1}{6} \times 9 \times 10 \times 19$
$= \mathbf{285}$ ←$1^2+2^2+3^2+\cdots\cdots+9^2 = 285$

自然数の 2 乗の和

$1^2+2^2+3^2+\cdots\cdots+●^2$
↓
$\sum_{k=1}^{●} k^2 = \frac{1}{6} \times ● \times (●+1) \times (2 \times ●+1)$

31 次の和を求めなさい。

➲教p. 21 問 3, p. 23 問 4

(1) $\sum_{k=1}^{6} 8$

(2) $\sum_{k=1}^{16} k$

(3) $\sum_{k=1}^{7} k^2$

32 次の和を求めなさい。

➲教p. 21 問 3, p. 23 問 4

(1) $\sum_{k=1}^{10} (-4)$

(2) $\sum_{k=1}^{100} k$

(3) $\sum_{k=1}^{20} k^2$

検

例 22 次の和を求めてみよう。

(1) $\sum_{k=1}^{12}(3k+5)=\sum_{k=1}^{12}3k+\sum_{k=1}^{12}5$ ←$\Sigma(●+■)=\Sigma●+\Sigma■$

$=3\sum_{k=1}^{12}k+\sum_{k=1}^{12}5$ ←$\Sigma c■=c\Sigma■$

$=3\times\frac{1}{2}\times12\times13+12\times5$ ←$\sum_{k=1}^{n}k=\frac{1}{2}n(n+1)$, $\sum_{k=1}^{n}c=nc$

$=234+60=\mathbf{294}$

(2) $\sum_{k=1}^{8}(k+1)(k+4)$

$=\sum_{k=1}^{8}(k^2+5k+4)$ ←$(k+1)(k+4)$ を展開する。

$=\sum_{k=1}^{8}k^2+5\sum_{k=1}^{8}k+\sum_{k=1}^{8}4$ ←$\Sigma(●+■+▲)=\Sigma●+\Sigma■+\Sigma▲$

$=\frac{1}{6}\times8\times9\times17+5\times\frac{1}{2}\times8\times9+8\times4$ ←$\sum_{k=1}^{n}k^2=\frac{1}{6}n(n+1)(2n+1)$

$=204+180+32=\mathbf{416}$

33 次の和を求めなさい。 ➲教p. 24 問 5

(1) $\sum_{k=1}^{10}(5k+2)$

(2) $\sum_{k=1}^{15}(9-7k)$

(3) $\sum_{k=1}^{6}(3k^2-4)$

34 次の和を求めなさい。 ➲教p. 24 問 6

(1) $\sum_{k=1}^{10}(k-1)(k+7)$

(2) $\sum_{k=1}^{15}(k-5)^2$

例 23 次の数列の第 k 項 a_k を k の式で表し，初項から第 10 項までの和を求めてみよう。

$1\times5,\ 2\times6,\ 3\times7,\ 4\times8,\ \cdots\cdots$

この数列の第 k 項は $\boldsymbol{a_k=k(k+4)}$ と表せる。

よって，求める和は

$$\sum_{k=1}^{10}k(k+4)$$

$$=\sum_{k=1}^{10}(k^2+4k)$$

$$=\sum_{k=1}^{10}k^2+4\sum_{k=1}^{10}k$$

$$=\frac{1}{6}\times10\times11\times21+4\times\frac{1}{2}\times10\times11$$

$$=385+220=\mathbf{605}$$

$k(k+4)$ を展開する。

$\sum(\bullet+\blacksquare)=\sum\bullet+\sum\blacksquare$

$\displaystyle\sum_{k=1}^{n}k^2=\frac{1}{6}n(n+1)(2n+1)$

$\displaystyle\sum_{k=1}^{n}k=\frac{1}{2}n(n+1)$

35 次の数列の第 k 項 a_k を k の式で表し，初項から第 10 項までの和を求めなさい。

$1\times7,\ 2\times8,\ 3\times9,\ 4\times10,\ \cdots\cdots$

➲教p. 25 問 7

36 次の数列の第 k 項 a_k を k の式で表し，初項から第 8 項までの和を求めなさい。

$2\times5,\ 4\times7,\ 6\times9,\ 8\times11,\ \cdots\cdots$

➲教p. 25 問 7

検

2 階差数列

➡教p. 26〜28

例24 次の数列の階差数列を調べてみよう。

1, 4, 10, 19, 31, ……

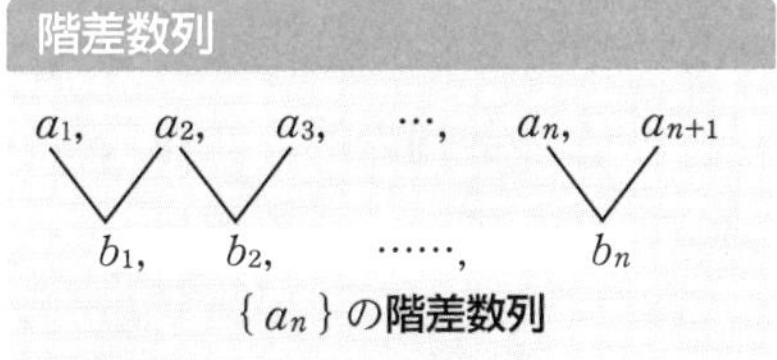

▶ 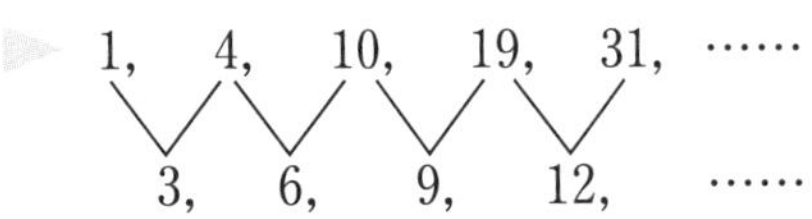

よって，階差数列は**初項 3，公差 3 の等差数列**である。　←3 の倍数

例25 次の数列の階差数列を調べ，□にあてはまる数を入れてみよう。

6, 7, 9, 13, 21, □, ……

▶ 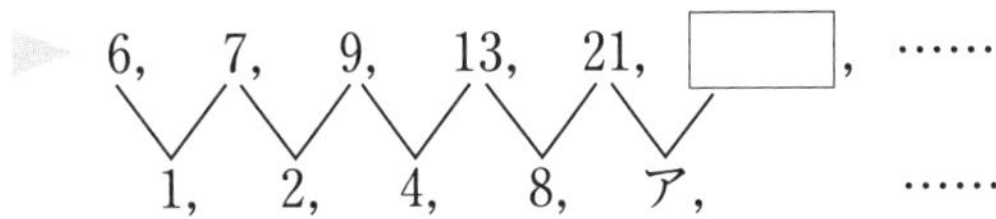

よって，階差数列は初項 1，公比 2 の等比数列である。

したがって，アは 16 だから，空欄の第 6 項は

21 + 16 = **37**

37 次の数列の階差数列を調べなさい。

➡教p. 26　問 8

(1)　1, 2, 6, 13, 23, ……

(2)　2, 5, 20, 95, 470, ……

38 次の数列の階差数列を調べ，□にあてはまる数を入れなさい。

➡教p. 26　問 9

(1)　5, 7, 14, 26, 43, □, ……

(2)　1, 2, 6, 22, 86, □, ……

例 26 数列　5, 7, 11, 17, 25, ……　の一般項 a_n を求めてみよう。

数列 $\{a_n\}$ の階差数列 $\{b_n\}$ は

2, 4, 6, 8, ……

これは，初項 2，公差 2 の等差数列だから

$$b_n = 2 + (n-1) \times 2 = 2n$$

$n \geqq 2$ のとき

$$a_n = 5 + \{2+4+6+8+\cdots\cdots+2(n-1)\}$$

$$= 5 + \frac{1}{2}(n-1)\{2+2(n-1)\}$$

$$= n^2 - n + 5 \quad \text{------①}$$

ここで，①に $n=1$ を代入すると

$a_1 = 1^2 - 1 + 5 = 5$ となり，$\{a_n\}$ の初項と一致する。

よって，一般項 a_n は　$a_n = \boldsymbol{n^2 - n + 5}$

階差数列と一般項

数列 $\{a_n\}$ の階差数列を $\{b_n\}$ とすると

$$a_n = a_1 + (b_1 + b_2 + \cdots + b_{n-1}) \quad (n \geqq 2)$$

{　}の中は，初項 2，末項 $2(n-1)$，項数 $n-1$ の等差数列の和

← $n \geqq 2$ のときに得られた a_n
↓
$n=1$ を代入して，初項と一致することを確認する。

← $n \geqq 1$ で成り立つ。

39 数列　4, 9, 19, 34, 54, ……
の一般項 a_n を求めなさい。

➲教 p. 28　問 10

40 数列　3, 4, 7, 12, 19, ……
の一般項 a_n を求めなさい。

➲教 p. 28　問 10

検

例 27 数列　6, 8, 12, 20, 36, ……　の一般項 a_n を求めてみよう。

▶ 数列 $\{a_n\}$ の階差数列 $\{b_n\}$ は

$$2,\ 4,\ 8,\ 16,\ \cdots\cdots$$

これは，初項 2，公比 2 の等比数列だから

$$b_n = 2 \times 2^{n-1} = 2^n$$

$n \geqq 2$ のとき

$$a_n = 6 + (2 + 4 + 8 + \cdots\cdots + 2^{n-1})$$

$$= 6 + \frac{2 \times (2^{n-1} - 1)}{2 - 1}$$

$$= 2^n + 4 \quad \text{------①}$$

（　）の中は，初項 2，公比 2，項数 $n-1$ の等比数列の和

←$n \geqq 2$ のときに得られた a_n ↓ $n=1$ を代入して，初項と一致することを確認する。

ここで，①に $n = 1$ を代入すると

$a_1 = 2^1 + 4 = 6$ となり，$\{a_n\}$ の初項と一致する。

よって，一般項 a_n は　$a_n = \mathbf{2^n + 4}$

←$n \geqq 1$ で成り立つ。

41 数列　1, 4, 13, 40, 121, ……
の一般項 a_n を求めなさい。

➲教 p. 28　問 11

42 数列　1, 11, 111, 1111, 11111, ……
の一般項 a_n を求めなさい。

➲教 p. 28　問 11

3節 漸化式と数学的帰納法

1 漸化式

➡教 p. 30〜33

例 28 次の数列 $\{a_n\}$ を初項の値と漸化式で表してみよう。

(1) 初項 6，公差 7 の等差数列

(2) 初項 9，公比 4 の等比数列

漸化式

ある項と次の項との関係式を**漸化式**という。

▶ (1) $\boldsymbol{a_1 = 6}$ ←初項は 6

$\boldsymbol{a_{n+1} = a_n + 7}$ ←次の項は前の項に 7 をたした数

(2) $\boldsymbol{a_1 = 9}$ ←初項は 9

$\boldsymbol{a_{n+1} = 4a_n}$ ←次の項は前の項に 4 をかけた数

例 29 次の式で表される数列 $\{a_n\}$ の初項から第 4 項までを求めてみよう。

$a_1 = 4,\quad a_{n+1} = a_n + n^2$

漸化式と数列の各項

$a_n \xrightarrow{+n^2} a_{n+1}$

ある項からその次の項を求める。

▶ $a_1 = 4$

$a_2 = a_1 + 1^2 = 4 + 1 = 5$ ←$n=1$ を代入

$a_3 = a_2 + 2^2 = 5 + 4 = 9$ ←$n=2$ を代入

$a_4 = a_3 + 3^2 = 9 + 9 = 18$ ←$n=3$ を代入

よって **4，5，9，18**

43 次の数列 $\{a_n\}$ を初項の値と漸化式で表しなさい。 ➡教 p. 30 問 1

(1) 初項 5，公差 2 の等差数列

(2) 初項 8，公差 −4 の等差数列

(3) 初項 7，公比 5 の等比数列

(4) 初項 4，公比 −3 の等比数列

44 次の式で表される数列 $\{a_n\}$ の初項から第 4 項までを求めなさい。

➡教 p. 31 問 2

(1) $a_1 = 2,\quad a_{n+1} = a_n + 10$

(2) $a_1 = 5,\quad a_{n+1} = 2a_n + 1$

検

例30 次の式で表される数列 $\{a_n\}$ の一般項 a_n を求めてみよう。

(1) $a_1=6,\quad a_{n+1}=a_n+4$

(2) $a_1=3,\quad a_{n+1}=5a_n$

漸化式と数列の一般項

$a_{n+1}=a_n+d$
→公差 d の**等差数列**

$a_{n+1}=ra_n$
→公比 r の**等比数列**

▶ (1) この数列は，初項 6，公差 4 の等差数列である。

よって　$a_n=6+(n-1)\times 4$

$=\mathbf{4n+2}$

(2) この数列は，初項 3，公比 5 の等比数列である。

よって　$a_n=\mathbf{3\times 5^{n-1}}$

45 次の式で表される数列 $\{a_n\}$ の一般項 a_n を求めなさい。 ➲教p. 31　問 3

(1) $a_1=7,\quad a_{n+1}=a_n+3$

(2) $a_1=-2,\quad a_{n+1}=a_n+6$

(3) $a_1=3,\quad a_{n+1}=a_n-5$

(4) $a_1=-1,\quad a_{n+1}=a_n-2$

46 次の式で表される数列 $\{a_n\}$ の一般項 a_n を求めなさい。 ➲教p. 31　問 3

(1) $a_1=4,\quad a_{n+1}=3a_n$

(2) $a_1=-3,\quad a_{n+1}=2a_n$

(3) $a_1=5,\quad a_{n+1}=-3a_n$

(4) $a_1=-6,\quad a_{n+1}=-5a_n$

例 31 次の式で表される数列 $\{a_n\}$ の一般項 a_n を求めてみよう。

$a_1 = 7,\quad a_{n+1} - 4 = 5(a_n - 4)$

$b_n = a_n - 4$ とおくと　$b_{n+1} = a_{n+1} - 4$ だから　←$\underbrace{a_{n+1} - ●}_{b_{n+1}} = ■(\underbrace{a_n - ●}_{b_n})$

漸化式　$a_{n+1} - 4 = 5(a_n - 4)$ は

$b_{n+1} = 5b_n$　と表せる。

ここで　$b_1 = a_1 - 4 = 7 - 4 = 3$ だから

数列 $\{b_n\}$ は，初項 3，公比 5 の等比数列であり，　←$b_1 = 3,\quad b_{n+1} = 5b_n$

一般項 b_n は

$b_n = 3 \times 5^{n-1}$

$b_n = a_n - 4$ だから　（$a_n - 4$　$b_n = 3 \times 5^{n-1}$）

$a_n - 4 = 3 \times 5^{n-1}$

よって　$a_n = \mathbf{3 \times 5^{n-1} + 4}$

47 次の式で表される数列 $\{a_n\}$ の一般項 a_n を求めなさい。 ➲教 p. 32　問 4

(1) $a_1 = 6,\quad a_{n+1} - 3 = 4(a_n - 3)$

(2) $a_1 = 4,\quad a_{n+1} + 1 = 2(a_n + 1)$

例 32 次の式で表される数列 $\{a_n\}$ の一般項 a_n を求めてみよう。

$$a_1=6,\quad a_{n+1}=3a_n-8$$

▶ $a_{n+1}=3a_n-8$ を変形すると

$$a_{n+1}-4=3(a_n-4) \quad \text{------①}$$

$\alpha=3\alpha-8$ を解くと　$\alpha=4$

$b_n=a_n-4$ とおくと，①は $b_{n+1}=3b_n$ と表せる。

ここで　$b_1=a_1-4=6-4=2$ だから

数列 $\{b_n\}$ は，初項 2，公比 3 の等比数列であり，

一般項 b_n は

$$b_n=2\times3^{n-1}$$

$b_n=a_n-4$ だから

$$a_n-4=2\times3^{n-1}$$

よって　$a_n=\mathbf{2\times3^{n-1}+4}$

$a_{n+1}=pa_n+q$ の漸化式

$$a_{n+1}=pa_n+q \quad \text{------①}$$
↓
$$a_{n+1}-\alpha=p(a_n-\alpha) \quad \text{------②}$$

①を②のように変形する。

↑α は①の a_{n+1} と a_n をともに α でおきかえた式 $\alpha=p\alpha+q$ を解くことで求めることができる。

48 次の式で表される数列 $\{a_n\}$ の一般項 a_n を求めなさい。 ➲教 p. 33　問 5

(1)　$a_1=5,\quad a_{n+1}=4a_n-6$

(2)　$a_1=-2,\quad a_{n+1}=3a_n+6$

2 数学的帰納法

➡教 p. 34~36

例 33 すべての自然数 n について

$$6+12+18+\cdots\cdots+6n=3n^2+3n \quad \text{------①}$$

が成り立つことを，数学的帰納法を用いて証明してみよう。

[1] $n=1$ のとき

(左辺) $=6$

(右辺) $=3\times1^2+3\times1=6$

よって，(左辺) = (右辺) となるから，

①は成り立つ。

[2] $n=k$ のとき，①が成り立つと仮定すると

$$6+12+18+\cdots\cdots+6k=3k^2+3k \quad \text{------②}$$

$n=k+1$ のとき，①の左辺は

$$6+12+18+\cdots\cdots+6k+6(k+1)$$

$$=3k^2+3k+6(k+1)=3k^2+9k+6$$

②を代入

$$=3(k^2+2k+1)+3(k+1)$$

$$=3(k+1)^2+3(k+1)$$

これは，①の右辺で $n=k+1$ としたものと等しい。

よって，$n=k+1$ のときも①は成り立つ。

[1]，[2]から，①はすべての自然数 n について成り立つ。

数学的帰納法

自然数 n についてのことがらを P とする。

[1] $n=1$ のとき，P が成り立つことを示す。

[2] $n=k$ のとき，P が成り立つと仮定すると，$n=k+1$ のときも P が成り立つことを示す。

49 すべての自然数 n について

$$8+16+24+\cdots\cdots+8n=4n^2+4n \quad \text{------①}$$

が成り立つことを，数学的帰納法を用いて証明しなさい。 ➡教 p. 36 問 6

検

演習問題 up

$a_{n+1}=a_n+(n\text{ の式})$ の漸化式

例題 1 次の式で表される数列 $\{a_n\}$ の一般項 a_n を求めなさい。

$$a_1=1,\quad a_{n+1}=a_n+6n$$

数列 $\{a_n\}$ の階差数列 $\{b_n\}$ を調べると

1,　7,　19,　37,　61,　……　←数列 $\{a_n\}$

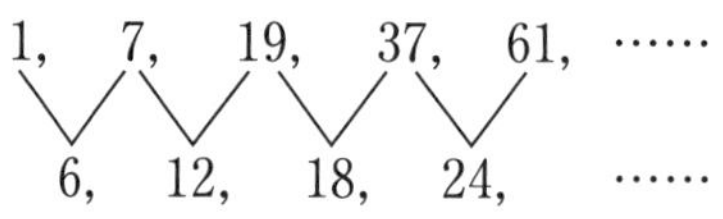

6,　12,　18,　24,　……　←数列 $\{b_n\}$

これは，初項 6，公差 6 の等差数列だから

$$b_n=6+(n-1)\times 6=6n$$

←$a_{n+1}=a_n+6n$ から $b_n=a_{n+1}-a_n=6n$ と求めることもできる。

$n\geqq 2$ のとき

$$\begin{aligned}a_n&=1+\{6+12+18+\cdots\cdots+6(n-1)\}\\&=1+\frac{1}{2}(n-1)\{6+6(n-1)\}\\&=3n^2-3n+1 \quad \text{------①}\end{aligned}$$

ここで，①に $n=1$ を代入すると

$a_1=3\times 1^2-3\times 1+1=1$ となり，$\{a_n\}$ の初項と一致する。

よって，一般項 a_n は　$a_n=\mathbf{3n^2-3n+1}$ 答

解説 $a_{n+1}=a_n+(n\text{ の式})$ の形の漸化式は，階差数列を利用すると，一般項が求められることがある。

50 次の式で表される数列 $\{a_n\}$ の一般項 a_n を求めなさい。

$$a_1=2,\quad a_{n+1}=a_n+3n$$

例題 2 すべての自然数 n について

$$3^n > 2n \quad \text{------①}$$

が成り立つことを，数学的帰納法を用いて証明しなさい。

証明

[1] $n=1$ のとき

$(\text{左辺}) = 3^1 = 3$，$(\text{右辺}) = 2 \times 1 = 2$　←$3 > 2$

よって，(左辺) > (右辺) となるから，①は成り立つ。

[2] $n=k$ のとき，①が成り立つと仮定すると

$$3^k > 2k \quad \text{------②}$$

$n=k+1$ のとき，①の (左辺) − (右辺) は

$$\begin{aligned} 3^{k+1} - 2(k+1) &= 3 \times 3^k - 2(k+1) \\ &> 3 \times 2k - 2(k+1) \\ &= 4k - 2 \\ &= 2(2k-1) > 0 \end{aligned}$$

②を利用

←$k \geqq 1$ だから $2k-1>0$

よって，②が成り立つとき

$$3^{k+1} > 2(k+1)$$

←$3^{k+1} - 2(k+1) > 0$ だから $3^{k+1} > 2(k+1)$

となり，$n=k+1$ のときも①は成り立つ。

[1]，[2]から，①はすべての自然数 n について成り立つ。 終

51 すべての自然数 n について

$$4^n > 3n \quad \text{------①}$$

が成り立つことを，数学的帰納法を用いて証明しなさい。

2章 統計的な推測

1節 確率変数と確率分布

1 確率とその基本性質

➡教 p. 40, 41

例 34 1組52枚のトランプの中から1枚のカードを引くとき，キングまたは数字札を引く確率を求めてみよう。

▶ 「キングを引く」事象を A

「数字札を引く」事象を B　とすると

$$P(A)=\frac{4}{52},\quad P(B)=\frac{40}{52}$$

「キングまたは数字札を引く」事象は和事象 $A\cup B$ であり，A と B は排反事象であるから，求める確率は

$$P(A\cup B)=P(A)+P(B)$$

$$=\frac{4}{52}+\frac{40}{52}=\frac{44}{52}=\mathbf{\frac{11}{13}}$$

←約 85 %

排反事象の確率

2つの事象 A と B が排反事象であるとき

$$\boldsymbol{P(A\cup B)=P(A)+P(B)}$$

52 大小2個のさいころを同時に投げるとき，目の数の和が5または10になる確率を求めなさい。 ➡教 p. 41　問 1

53 一年生4人，二年生6人の計10人の中からくじ引きで2人を選ぶとき，2人が同学年である確率を求めなさい。

➡教 p. 41　問 1

例35 4枚の硬貨を同時に投げるとき，少なくとも1枚は表が出る確率を求めてみよう。

4枚の硬貨の表と裏の出方は，全部で

$2\times2\times2\times2=16$（通り）

「少なくとも1枚は表が出る」事象を A とすると，余事象 $\overline{A}$ は「4枚とも裏が出る」である。

4枚とも裏が出る場合の数は1通りであるから，求める確率は

$$P(A)=1-P(\overline{A})$$
$$=1-\frac{1}{16}=\mathbf{\frac{15}{16}}$$

←約94％

余事象と確率

$$P(A)+P(\overline{A})=1$$

↑$P(A)=1-P(\overline{A})$，$P(\overline{A})=1-P(A)$ と変形して利用することがある。

54 2個のさいころを同時に投げるとき，少なくとも1個は6の目が出る確率を求めなさい。 ➲教p.41 問2

55 3本の当たりくじを含む10本のくじの中から同時に2本のくじを引くとき，少なくとも1本は当たりくじを引く確率を求めなさい。 ➲教p.41 問2

 ➲教p. 42〜49

例 36 1, 2, 3, 4と数字をかいたカードが，それぞれ1枚，2枚，3枚，4枚の計10枚ある。このカードの中から1枚引くとき，そのカードの数字をXとする。Xの確率分布を表に示してみよう。

1
2 2
3 3 3
4 4 4 4

▶ 確率変数Xのとる値は1, 2, 3, 4で，Xがこれらの値をとる確率は，それぞれ$\frac{1}{10}$, $\frac{2}{10}$, $\frac{3}{10}$, $\frac{4}{10}$である。

よって，Xの確率分布は次の表のようになる。

X	1	2	3	4	計
P	$\frac{1}{10}$	$\frac{2}{10}$	$\frac{3}{10}$	$\frac{4}{10}$	1

←約分しなくてもよい。

確率変数と確率分布

確率変数…1つの試行の結果によって値が定まり，その各値に対応して確率が定まる変数

確率分布…確率変数の値と確率の対応関係

確率分布表

確率変数Xのとる値x_1, x_2, …, x_nに対して確率p_1, p_2, …, p_nが対応するとき，Xの確率分布を次のような表で示す。

X	x_1	x_2	……	x_n	計
P	p_1	p_2	……	p_n	1

この表を**確率分布表**という。

56 赤玉2個，白玉3個の計5個が入っている袋から同時に2個の玉を取り出すとき，その中に含まれる赤玉の個数をXとする。Xの確率分布を表に示しなさい。 ➲教p. 43 問3

X		計
P		

57 赤玉4個，白玉7個の計11個が入っている袋から同時に2個の玉を取り出すとき，その中に含まれる赤玉の個数をXとする。Xの確率分布を表に示しなさい。 ➲教p. 43 問3

X		計
P		

例 37 1個のさいころを投げるとき，出る目の数を X とする。
X の平均を求めてみよう。

$X=1,\ 2,\ 3,\ 4,\ 5,\ 6$ であり，X の確率分布は次の表のようになる。

X	1	2	3	4	5	6	計
P	$\frac{1}{6}$	$\frac{1}{6}$	$\frac{1}{6}$	$\frac{1}{6}$	$\frac{1}{6}$	$\frac{1}{6}$	1

確率変数の平均

確率変数 X の確率分布が次の表のようになるとき

X	x_1	x_2	……	x_n	計
P	p_1	p_2	……	p_n	1

X の平均 $E(X)$ は
$$\boldsymbol{E(X)=x_1p_1+x_2p_2+\cdots\cdots+x_np_n}$$

よって，求める X の平均は
$$E(X)=1\times\frac{1}{6}+2\times\frac{1}{6}+3\times\frac{1}{6}+4\times\frac{1}{6}+5\times\frac{1}{6}+6\times\frac{1}{6}=\boldsymbol{\frac{7}{2}}\ (\text{個})$$

例 38 赤玉3個，白玉5個の計8個が入っている袋から同時に2個の玉を取り出すとき，その中に含まれる赤玉の個数を X とする。X の平均を求めてみよう。

$X=0,\ 1,\ 2$ であり，それぞれの確率は
$$P(X=0)=\frac{{}_5\mathrm{C}_2}{{}_8\mathrm{C}_2}=\frac{10}{28},\quad P(X=1)=\frac{{}_3\mathrm{C}_1\times{}_5\mathrm{C}_1}{{}_8\mathrm{C}_2}=\frac{15}{28}$$
$$P(X=2)=\frac{{}_3\mathrm{C}_2}{{}_8\mathrm{C}_2}=\frac{3}{28}$$

であるから，X の確率分布は右の表のようになる。

X	0	1	2	計
P	$\frac{10}{28}$	$\frac{15}{28}$	$\frac{3}{28}$	1

よって，求める X の平均は
$$E(X)=0\times\frac{10}{28}+1\times\frac{15}{28}+2\times\frac{3}{28}=\boldsymbol{\frac{3}{4}}\ (\text{個})$$

58 4枚の硬貨を同時に投げるとき，表の出る枚数を X とする。
X の平均を求めなさい。➲教 p. 45　問 4

59 一年生4人，二年生5人の計9人の中からくじ引きで3人の委員を選ぶとき，選ばれる一年生の人数を X とする。
X の平均を求めなさい。➲教 p. 45　問 5

検

例39 [4], [5], [5], [5], [6] の5枚のカードがある。この中から1枚引いたときのカードの数字を X とするとき，X の確率分布は次の表のようになる。

X	4	5	6	計
P	$\frac{1}{5}$	$\frac{3}{5}$	$\frac{1}{5}$	1

このとき，確率変数 X の分散を求めてみよう。

確率変数の分散 (1)

確率変数 X の確率分布が次の表のようになるとき

X	x_1	x_2	……	x_n	計
P	p_1	p_2	……	p_n	1

X の平均 m は

$m=x_1p_1+x_2p_2+\cdots\cdots+x_np_n$

X の分散 $V(X)$ は

$$\boldsymbol{V(X)=(x_1-m)^2p_1+(x_2-m)^2p_2+\cdots\cdots+(x_n-m)^2p_n}$$

▶ 確率変数 X の平均を m とすると

$$m=4\times\frac{1}{5}+5\times\frac{3}{5}+6\times\frac{1}{5}=5$$

よって，求める X の分散は

$$V(X)=(4-5)^2\times\frac{1}{5}+(5-5)^2\times\frac{3}{5}+(6-5)^2\times\frac{1}{5}=\boldsymbol{\frac{2}{5}}$$

X	P	$X-m$	$(X-m)^2$	$(X-m)^2P$
4	$\frac{1}{5}$	-1	1	$\frac{1}{5}$
5	$\frac{3}{5}$	0	0	0
6	$\frac{1}{5}$	1	1	$\frac{1}{5}$
計	1			$\frac{2}{5}$

↑表をつくって計算すると求めやすい。

60 [2], [3], [3], [4], [4], [5], [5], [7], [8], [9] の10枚のカードがある。この中から1枚引いたときのカードの数字を X とするとき，X の分散を求めなさい。

➲教p. 47　問6

X	P	$X-m$	$(X-m)^2$	$(X-m)^2P$
2				
3				
4				
5				
7				
8				
9				
計	1			

例 40 1個のさいころを投げるとき，出る目の数を X とする。
X の分散と標準偏差を求めてみよう。
$X=1,\ 2,\ 3,\ 4,\ 5,\ 6$ で，X の確率分布は
次の表のようになる。

X	1	2	3	4	5	6	計
P	$\frac{1}{6}$	$\frac{1}{6}$	$\frac{1}{6}$	$\frac{1}{6}$	$\frac{1}{6}$	$\frac{1}{6}$	1

$$E(X)=1\times\frac{1}{6}+2\times\frac{1}{6}+3\times\frac{1}{6}+4\times\frac{1}{6}+5\times\frac{1}{6}+6\times\frac{1}{6}=\frac{7}{2}$$

よって　$m=\frac{7}{2}$

$$E(X^2)=1^2\times\frac{1}{6}+2^2\times\frac{1}{6}+3^2\times\frac{1}{6}+4^2\times\frac{1}{6}+5^2\times\frac{1}{6}+6^2\times\frac{1}{6}=\frac{91}{6}$$

したがって

分散　$V(X)=E(X^2)-m^2=\frac{91}{6}-\left(\frac{7}{2}\right)^2=\mathbf{\frac{35}{12}}$

標準偏差　$\sigma(X)=\sqrt{V(X)}=\sqrt{\frac{35}{12}}=\mathbf{\frac{\sqrt{105}}{6}}$

確率変数の分散 (2)

$V(X)=E(X^2)-m^2$

確率変数の標準偏差

$\sigma(X)=\sqrt{V(X)}$

X	P	XP	X^2P
1	$\frac{1}{6}$	$\frac{1}{6}$	$\frac{1}{6}$
2	$\frac{1}{6}$	$\frac{2}{6}$	$\frac{4}{6}$
3	$\frac{1}{6}$	$\frac{3}{6}$	$\frac{9}{6}$
4	$\frac{1}{6}$	$\frac{4}{6}$	$\frac{16}{6}$
5	$\frac{1}{6}$	$\frac{5}{6}$	$\frac{25}{6}$
6	$\frac{1}{6}$	$\frac{6}{6}$	$\frac{36}{6}$
計	1	$\frac{21}{6}\left(\frac{7}{2}\right)$	$\frac{91}{6}$

$E(X)=m$　$E(X^2)$

61 赤玉2個，白玉3個の計5個が入っている袋から同時に2個の玉を取り出すとき，その中に含まれる赤玉の個数を X とする。X の分散と標準偏差を，表を使って求めなさい。

➲教 p. 49　問7，問8

X	P	XP	X^2P
0			
1			
2			
計			

検

3 二項分布

➲教p. 50〜53

例 41 1個のさいころをくり返し6回投げるとき，奇数の目が出る回数を X とする。X の確率分布を求めてみよう。

▶ $X=0,\ 1,\ 2,\ 3,\ 4,\ 5,\ 6$ で，さいころをくり返し6回投げる試行は反復試行であり，1回の試行で，奇数の目が出る確率は $\frac{1}{2}$ であるから

$$P(X=r)={}_6\mathrm{C}_r\left(\frac{1}{2}\right)^r\left(1-\frac{1}{2}\right)^{6-r}$$

$$(r=0,\ 1,\ 2,\ 3,\ 4,\ 5,\ 6)$$

である。よって，X は二項分布 $B\left(6,\ \frac{1}{2}\right)$ にしたがい，X の確率分布は次の表のようになる。

X	0	1	2	3	4	5	6	計
P	$\frac{1}{64}$	$\frac{6}{64}$	$\frac{15}{64}$	$\frac{20}{64}$	$\frac{15}{64}$	$\frac{6}{64}$	$\frac{1}{64}$	1

二項分布

事象 A の起こる確率が p である試行を n 回くり返す反復試行において，事象 A の起こる回数を X とすると X は $0,\ 1,\ 2,\ \cdots,\ n$ の値をとる確率変数である。

また，$X=r$ となる確率は

$$P(X=r)={}_n\mathrm{C}_r\,p^r(1-p)^{n-r}$$

$$(r=0,\ 1,\ 2,\ \cdots,\ n)$$

となる。

X の確率分布を**二項分布**といい，$B(n,\ p)$ で表す。このとき，X は**二項分布 $B(n,\ p)$ にしたがう**という。

62 1個のさいころをくり返し5回投げるとき，5以上の目が出る回数を X とする。X の確率分布を求めなさい。

➲教p. 51　問9

X		計
P		

63 赤玉2個，白玉3個の計5個が入っている袋から1個の玉を取り出し，色を確認してから袋にもどす。この試行を3回くり返すとき，赤玉の出る回数を X とする。X の確率分布を求めなさい。

➲教p. 51　問10

X		計
P		

例 42 1枚の硬貨をくり返し 200 回投げるとき，表の出る回数を X とする。
X の平均，分散，標準偏差を求めてみよう。

二項分布の平均，分散，標準偏差

確率変数 X が二項分布 $B(n,\ p)$ にしたがうとき

平均　$E(X)=np$

分散　$V(X)=np(1-p)$

標準偏差　$\sigma(X)=\sqrt{np(1-p)}$

1回投げて表が出る確率 p は $p=\dfrac{1}{2}$ だから，

X は二項分布 $B\left(200,\ \dfrac{1}{2}\right)$ にしたがう。

←$P(X=r)={}_{200}\mathrm{C}_r\left(\dfrac{1}{2}\right)^r\left(1-\dfrac{1}{2}\right)^{200-r}$

よって　平均　$E(X)=200\times\dfrac{1}{2}=\mathbf{100}$

分散　$V(X)=200\times\dfrac{1}{2}\times\left(1-\dfrac{1}{2}\right)=\mathbf{50}$

標準偏差　$\sigma(X)=\sqrt{50}=\mathbf{5\sqrt{2}}$

64 1個のさいころをくり返し 100 回投げるとき，3の倍数の目が出る回数を X とする。X の平均，分散，標準偏差を求めなさい。

⊃教 p. 53　問 11

65 ある製品は，その中に 10 %の不良品を含むことがわかっている。大量にあるこの製品の中から 100 個取り出すとき，その中に含まれる不良品の個数 X の平均，分散，標準偏差を求めなさい。

⊃教 p. 53　問 11

2節 正規分布

1 確率密度関数

➡教 p. 54, 55

例 43 確率変数 X のとる値の範囲が $0 \leqq X \leqq \sqrt{6}$ で，その確率密度関数が $f(x)=\frac{1}{3}x$ $(0 \leqq x \leqq \sqrt{6})$ で表されるとき，$0 \leqq X \leqq 2$ となる確率を求めてみよう。

▶ 求める確率は，右の斜線部分の面積に等しいから

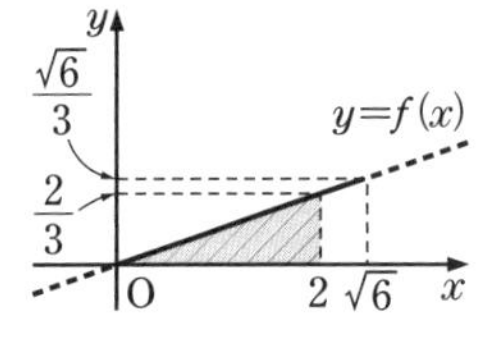

$$P(0 \leqq X \leqq 2)=\frac{1}{2}\times 2\times\frac{2}{3}=\mathbf{\frac{2}{3}}$$ ←約 67 %

連続的な確率変数

重さ，時間，長さ，距離のように，連続的な値をとる確率変数を**連続的な確率変数**という。

確率密度関数

連続的な確率変数 X の分布曲線が，$y=f(x)$ で表されるとき，関数 $f(x)$ を X の**確率密度関数**という。

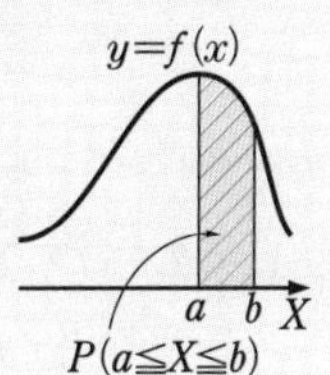

66 確率変数 X のとる値の範囲が $0 \leqq X \leqq \sqrt{3}$ で，その確率密度関数が $f(x)=\frac{2}{3}x$ $(0 \leqq x \leqq \sqrt{3})$ で表されるとき，次の確率を求めなさい。

➡教 p. 55 問 1

(1) $P(0 \leqq X \leqq 1)$

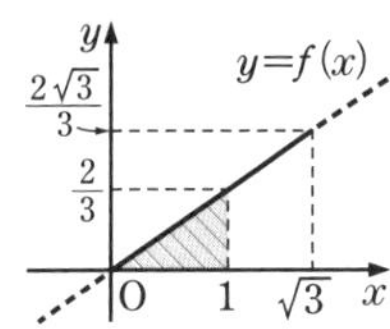

(2) $P(1 \leqq X \leqq \sqrt{3})$

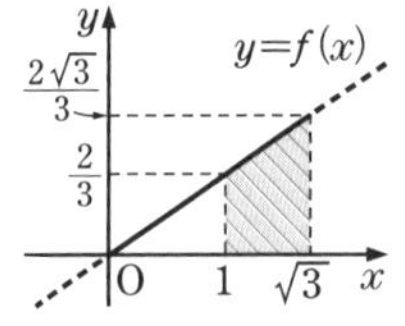

67 確率変数 X のとる値の範囲が $0 \leqq X \leqq 4$ で，その確率密度関数 $f(x)$ が

$0 \leqq x \leqq 1$ のとき　$f(x)=\frac{1}{2}x$

$1 \leqq x \leqq 4$ のとき　$f(x)=-\frac{1}{6}x+\frac{2}{3}$

で表されるとき，$P(1 \leqq X \leqq 3)$ を求めなさい。

➡教 p. 55 問 1

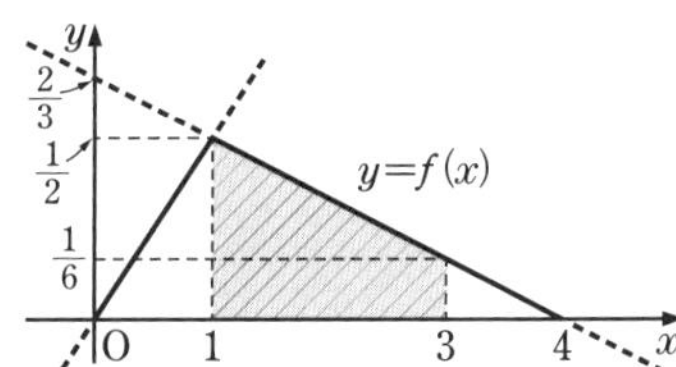

2 正規分布

➡教 p. 56〜60

例 44 確率変数 Z が標準正規分布 $N(0,\ 1)$ にしたがうとき，巻末の正規分布表を用いて，次の確率を求めてみよう。

(1) $P(0 \leqq Z \leqq 1.05)$

(2) $P(-2.1 \leqq Z \leqq 0)$

標準正規分布

確率変数 Z の確率密度関数 $f(z)$ が

$$f(z)=\frac{1}{\sqrt{2\pi}}e^{-\frac{z^2}{2}}$$

で表されるとき，この確率分布を**標準正規分布**という。このとき，Z は**標準正規分布にしたがう**という。

$f(z)=\frac{1}{\sqrt{2\pi}}e^{-\frac{z^2}{2}}$

$P(0 \leqq Z \leqq t)$

(1) 巻末の正規分布表から

$P(0 \leqq Z \leqq 1.05)$

$= \mathbf{0.3531}$  ←約 35 %

(2) 分布曲線は左右対称であるから

$P(-2.1 \leqq Z \leqq 0) = P(0 \leqq Z \leqq 2.1)$

$= \mathbf{0.4821}$ ←約 48 %

68 確率変数 Z が標準正規分布 $N(0,\ 1)$ にしたがうとき，巻末の正規分布表を用いて，次の確率を求めなさい。

➡教 p. 57 問 2

(1) $P(0 \leqq Z \leqq 1.75)$

(2) $P(0 \leqq Z \leqq 3)$

69 確率変数 Z が標準正規分布 $N(0,\ 1)$ にしたがうとき，巻末の正規分布表を用いて，次の確率を求めなさい。

➡教 p. 57 問 2

(1) $P(-1.52 \leqq Z \leqq 0)$

(2) $P(-1 \leqq Z \leqq 0)$

例 45 確率変数 Z が標準正規分布 $N(0,\ 1)$ にしたがうとき，
次の確率を求めてみよう。

(1) $P(-1 \leqq Z \leqq 2)$

$= P(-1 \leqq Z \leqq 0) + P(0 \leqq Z \leqq 2)$

$= P(0 \leqq Z \leqq 1) + P(0 \leqq Z \leqq 2)$

$= 0.3413 + 0.4772$

$= \mathbf{0.8185}$　←約 82 %

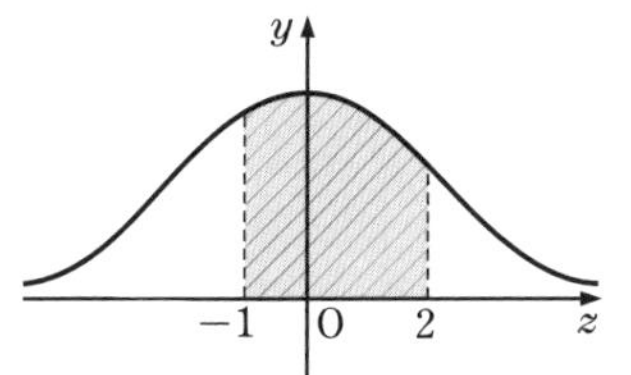

(2) $P(Z \leqq 1.5)$

$= P(Z \leqq 0) + P(0 \leqq Z \leqq 1.5)$

$= 0.5 + 0.4332$　←$P(Z \leqq 0) = 0.5$

$= \mathbf{0.9332}$　←約 93 %

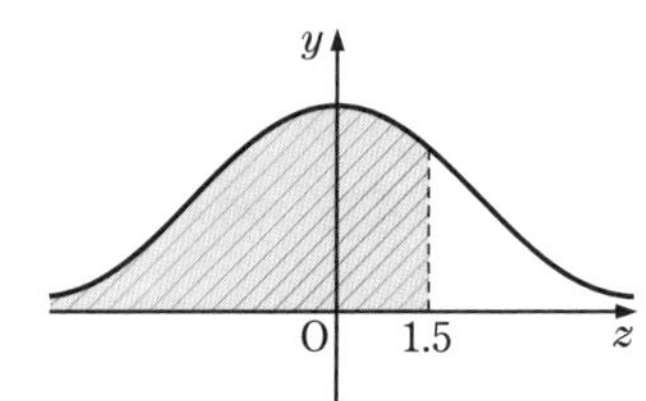

70 確率変数 Z が標準正規分布 $N(0,\ 1)$ にしたがうとき，次の確率を求めなさい。 ➲教p. 58 問 3

(1) $P(-2 \leqq Z \leqq 0.5)$

(2) $P(2 \leqq Z \leqq 3)$

71 確率変数 Z が標準正規分布 $N(0,\ 1)$ にしたがうとき，次の確率を求めなさい。 ➲教p. 58 問 3

(1) $P(Z \leqq 1.2)$

(2) $P(Z \leqq -2)$

例 46 確率変数 X が正規分布 $N(50,\ 10^2)$ にしたがうとき，
確率 $P(30 \leqq X \leqq 80)$ を求めてみよう。

$Z=\dfrac{X-50}{10}$ とおくと，Z は標準正規分布 $N(0,\ 1)$ にしたがう。

$X=30$ のとき　$Z=\dfrac{30-50}{10}=-2$

$X=80$ のとき　$Z=\dfrac{80-50}{10}=3$

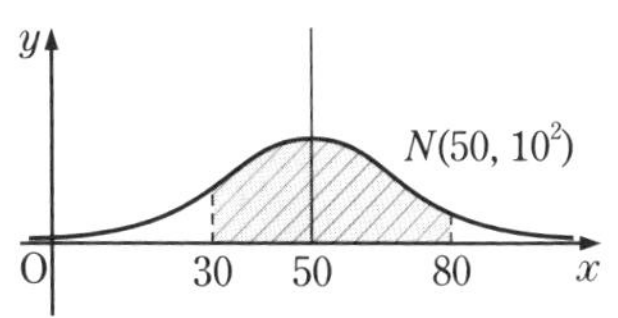

標準化

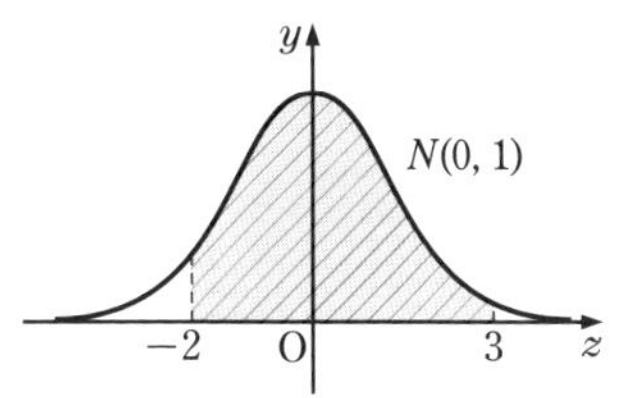

よって

$P(30 \leqq X \leqq 80)$
$=P(-2 \leqq Z \leqq 3)$
$=P(-2 \leqq Z \leqq 0)+P(0 \leqq Z \leqq 3)$
$=P(0 \leqq Z \leqq 2)+P(0 \leqq Z \leqq 3)$
$=0.4772+0.4987$
$=\mathbf{0.9759}$　←約 98 %

標準化

X は $N(m,\ \sigma^2)$ にしたがう

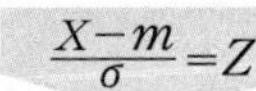

Z は $N(0,\ 1)$ にしたがう

72 確率変数 X が正規分布 $N(30,\ 4^2)$ にしたがうとき，次の確率を求めなさい。

$P(20 \leqq X \leqq 36)$

➡教p. 59　問 4

73 確率変数 X が正規分布 $N(50,\ 10^2)$ にしたがうとき，次の確率を求めなさい。

$P(X \leqq 45)$

➡教p. 59　問 4

検

例 47 ある高校の三年生 500 人の身長は，平均 170 cm，標準偏差 5 cm の正規分布にしたがうものとする。このとき，180 cm 以上の生徒は何人いると考えられるか求めてみよう。

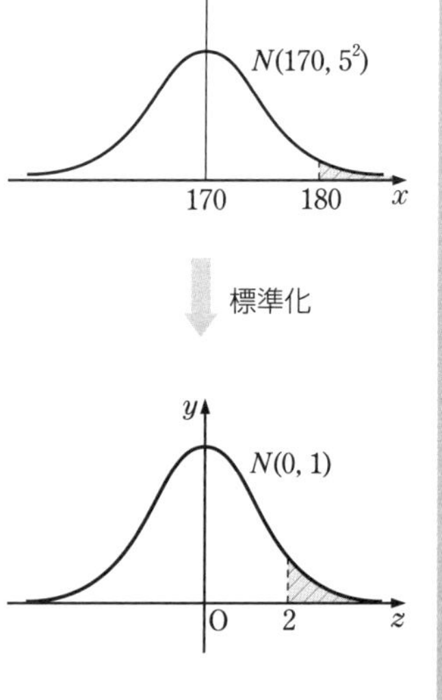

▶ 身長を Xcm とすると，X は正規分布 $N(170,\ 5^2)$ にしたがう。

ここで，$Z=\dfrac{X-170}{5}$ とおくと，Z は標準正規分布 $N(0,\ 1)$ にしたがう。

$X=180$ のとき　$Z=\dfrac{180-170}{5}=2$

よって　$P(X\geqq 180)=P(Z\geqq 2)$

$=P(Z\geqq 0)-P(0\leqq Z\leqq 2)$

$=0.5-0.4772=0.0228$

したがって，求める人数は

$500\times 0.0228=11.4$ だから　**およそ 11 人**

74 ある高校の三年生 400 人が受けた数学のテストの成績は，平均 60 点，標準偏差 20 点の正規分布にしたがうものとする。80 点以上 90 点以下の生徒は何人いると考えられるか求めなさい。

➲教 p. 60　問 5

3 二項分布と正規分布

➡教p. 61，62

例 48 1個のさいころを162回投げるとき，5以上の目の出る回数が45回以上69回以下である確率を求めてみよう。

▶ 5以上の目が出る回数を X とすると，X は

二項分布 $B\left(162,\ \frac{1}{3}\right)$ にしたがうから　　←$P(X=r)={}_{162}\mathrm{C}_r\left(\frac{1}{3}\right)^r\left(1-\frac{1}{3}\right)^{162-r}$

$$E(X)=162\times\frac{1}{3}=54$$

$$V(X)=162\times\frac{1}{3}\times\left(1-\frac{1}{3}\right)=36$$

$$\sigma(X)=\sqrt{36}=6$$

$n=162$ は十分に大きいと考えられるので，

X は近似的に正規分布 $N(54,\ 6^2)$ にしたがう。

ここで，$Z=\dfrac{X-54}{6}$ とおくと，Z は標準正規分布

$N(0,\ 1)$ にしたがうので

$$\begin{aligned}P(45\leqq X\leqq 69)&=P(-1.5\leqq Z\leqq 2.5)\\&=P(0\leqq Z\leqq 1.5)+P(0\leqq Z\leqq 2.5)\\&=0.4332+0.4938=\mathbf{0.9270}\end{aligned}$$

←$Z=\dfrac{45-54}{6}=-1.5$　$Z=\dfrac{69-54}{6}=2.5$

←約93 %

二項分布の正規分布による近似

二項分布 $B(n,\ p)$ にしたがう確率変数 X は，n の値が十分に大きいとき，近似的に**正規分布 $N(np,\ np(1-p))$** にしたがう。

75 1枚の硬貨を400回投げるとき，表の出る回数が190回以上210回以下である確率を求めなさい。

➡教p. 62　問6

検

3節 統計的な推測

1 母集団と標本

➡教p. 64，65

例49 乱数表を用いて，40 人のクラスから 4 人の生徒を無作為に抽出してみよう。

▶ 40 人の生徒に 01，02，03，……，39，40 と番号をつける。次に，乱数表の行と列を無作為に決め，そこから順番に数字を選んでいき，同じ番号の生徒がいれば抽出し，いなければ次の数字を選ぶ。このようにして 4 人を無作為抽出すると，大きさ 4 の標本となる。

たとえば，右の乱数表で 2 行 2 列目の数字 23 から右へ順番に数字を選ぶと

03	86	34	96	35	93
12	23	06	04	69	67
55	48	78	18	24	02
10	49	46	51	46	12
21	29	70	29	73	60

23，06，04，69，67，55，48，78，18，……

となるから，40 以下の数　23，06，04，18　の 4 人を選べばよい。

全数調査と標本調査

統計調査には，対象となる集団の全部について調査する**全数調査**と，集団の中の一部を調査して全体を推測する**標本調査**がある。

母集団と標本

調査の対象となる集団全体を**母集団**といい，母集団から調査のために取り出された一部の集合を**標本**，母集団から標本を取り出すことを**抽出**という。

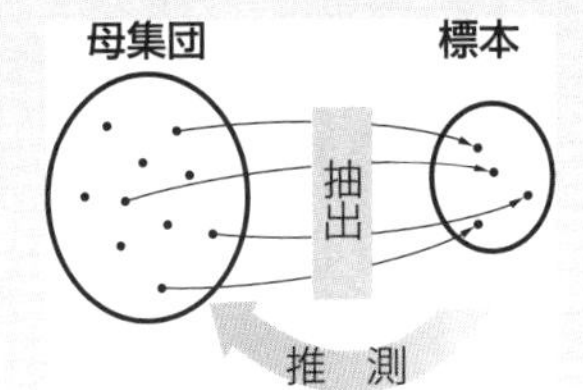

76 次の調査では，全数調査と標本調査のどちらが適しているか答えなさい。

➡教p. 64　問 1

(1) 湖の水質検査

(2) 学校で行う期末試験

(3) 総選挙のときの出口調査

77 巻末の乱数表を用いて，40 人のクラスから 6 人の生徒を無作為に抽出しなさい。

➡教p. 65　問 2

2 標本平均の分布

➲教p. 66~68

例 50 母平均 50，母標準偏差 8 の母集団から，大きさ 36 の標本を抽出するとき，標本平均 $\overline{X}$ の平均 $E(\overline{X})$ と標準偏差 $\sigma(\overline{X})$ を求めてみよう。

$m=50$，$\sigma=8$，$n=36$ だから

$E(\overline{X})=\mathbf{50}$　←（$\overline{X}$ の平均）=（母平均）

$\sigma(\overline{X})=\dfrac{8}{\sqrt{36}}=\mathbf{\dfrac{4}{3}}$　←（$\overline{X}$ の標準偏差）$=\dfrac{\text{（母標準偏差）}}{\sqrt{\text{（標本の大きさ）}}}$

標本平均 $\overline{X}$ の平均と標準偏差

母平均 m，母標準偏差 σ の母集団から，大きさ n の標本を抽出するとき

$$E(\overline{X})=m,\quad \sigma(\overline{X})=\frac{\sigma}{\sqrt{n}}$$

78 母平均 60，母標準偏差 20 の母集団から，大きさ 100 の標本を抽出するとき，標本平均 $\overline{X}$ の平均 $E(\overline{X})$ と標準偏差 $\sigma(\overline{X})$ を求めなさい。 ➲教p. 67　問 3

79 確率分布が右の表のようになる母集団から，大きさ 8 の標本を抽出するとき，次の値を求めなさい。

X	0	1	2	計
P	$\frac{1}{4}$	$\frac{2}{4}$	$\frac{1}{4}$	1

➲教p. 67　問 4

(1) 母平均 m と母標準偏差 σ

(2) 標本平均 $\overline{X}$ の平均 $E(\overline{X})$ と標準偏差 $\sigma(\overline{X})$

検

例 51 得点が平均 60 点，標準偏差 20 点の答案から，100 枚を抽出するとき，得点の標本平均が 56 点以上 66 点以下である確率を求めてみよう。

標本平均の分布

母平均 m，母標準偏差 σ の母集団から，大きさ n の標本を抽出するとき，n が十分に大きければ，標本平均 $\overline{X}$ は，近似的に正規分布

$$N\left(m,\ \frac{\sigma^2}{n}\right)$$

にしたがう。

▶ この得点の標本平均を $\overline{X}$ とすると，

$m=60$，$\sigma=20$，$n=100$ だから，

$\overline{X}$ の分布は近似的に正規分布

$$N\left(60,\ \frac{20^2}{100}\right)$$

すなわち，$N(60,\ 2^2)$ にしたがう。

よって，$Z=\dfrac{\overline{X}-60}{2}$ とおくと，Z は標準正規分布

$N(0,\ 1)$ にしたがう。

$$\begin{aligned} P(56\leqq\overline{X}\leqq66) &= P(-2\leqq Z\leqq3) \\ &= P(0\leqq Z\leqq2)+P(0\leqq Z\leqq3) \\ &= 0.4772+0.4987 \\ &= \mathbf{0.9759} \end{aligned}$$

←$Z=\dfrac{56-60}{2}=-2$

$Z=\dfrac{66-60}{2}=3$

←約 98 %

80 母平均 65，母標準偏差 16 の母集団から，大きさ 64 の標本を抽出するとき，標本平均が 60 以上 69 以下である確率を求めなさい。 ➲教 p. 68　問 5

3 母平均の推定

➡教 p. 69~71

例 52 ある店に入荷した塩 100 袋を抽出して，その重さをはかったところ，平均 297.45 g であった。
母標準偏差を 7.50 g として，この店に入荷した塩 1 袋の重さの平均を信頼度 95 %で推定してみよう。

母平均の推定

母標準偏差 σ の母集団から，大きさ n の標本を抽出するとき，n が十分に大きければ，母平均 m に対する信頼度 95 %の信頼区間は

$$\overline{X}-1.96\times\frac{\sigma}{\sqrt{n}}\leqq m\leqq\overline{X}+1.96\times\frac{\sigma}{\sqrt{n}}$$

$\overline{X}=297.45$，$\sigma=7.50$，$n=100$ だから，
母平均 m の信頼度 95 %の信頼区間は

$$297.45-1.96\times\frac{7.50}{\sqrt{100}}\leqq m\leqq 297.45+1.96\times\frac{7.50}{\sqrt{100}}$$

$$295.98\leqq m\leqq 298.92$$

よって，母平均は信頼度 95 %で，**295.98 g 以上 298.92 g 以下**と推定される。

81 ある県の高校三年生全員が受験したテストで，400 人の答案を抽出したところ，平均 65.42 点であった。母標準偏差を 15.00 点として，この県の高校三年生全員の得点の平均を信頼度 95 %で推定しなさい。

➡教 p. 70　問 6

検

4 仮説検定

➡教 p. 72，73

例 53 1 枚のコインを 100 回投げたところ，表が 38 回出た。このコインは表が出にくいのではないかと考え，正しく作られているかどうかを，有意水準を 5 %として判断してみよう。

▶ 「コインは正しく作られている」と仮説を立てる。

問題文より，有意水準を 5 %とする。

表が出る回数 X は，二項分布 $B\left(100,\ \frac{1}{2}\right)$ にしたがうので

仮説検定の流れ

1. 帰無仮説を立てる
2. 有意水準を決める
3. 確率 P を求める
4. 2と3を比較して判断する

$$E(X)=100\times\frac{1}{2}=50,\quad \sigma(X)=\sqrt{100\times\frac{1}{2}\times\left(1-\frac{1}{2}\right)}=5$$

$n=100$ は十分に大きいと考えられるので，X は近似的に正規分布 $N(50,\ 5^2)$ にしたがう。

ここで，$Z=\dfrac{X-50}{5}$ とおくと，Z は標準正規分布 $N(0,\ 1)$ にしたがう。

$X=38$ のとき，$Z=\dfrac{38-50}{5}=-2.4$ であるから，巻末の正規分布表より

$$P(X\leqq 38)=P(Z\leqq -2.4)=0.5-0.4918=0.0082$$

←表が 38 回以下である確率

すなわち　約 0.8 %である。

有意水準 5 %と比べて，この確率 0.8 %は小さい。

よって，最初に立てた仮説は否定される。

したがって，「コインは**正しく作られているとはいえない**」と判断できる。

82 1 つのさいころを 180 回投げたところ，6 の目が 39 回出た。このさいころは 6 の目が出やすいのではないかと考え，正しく作られているといえるかどうかを，有意水準を 5 %として判断しなさい。

➡教 p. 73　問 7

演習問題 up

集団の中で行われる測定において，ある特定の測定結果が，集団の平均からどれだけ偏(かたよ)っているかを表す数値の 1 つに **偏差値(へんさち)** がある。

偏差値は，平均 m，標準偏差 σ，個々の値を x として

$$(\text{偏差値}) = \left(\frac{x - m}{\sigma}\right) \times 10 + 50$$

で求められる。

偏差値は，個々の測定値を，集団の平均が 50，標準偏差が 10 となるように変換したものである。

偏差値

例題 3 ある学校のテストの平均が 52 点，標準偏差が 8 点で，実(みのる)さんの得点が 64 点であったとき，実さんの得点の偏差値を求めなさい。

解答 $m = 52$，$\sigma = 8$，$x = 64$ だから，偏差値は

$$\left(\frac{64 - 52}{8}\right) \times 10 + 50 = \frac{12}{8} \times 10 + 50$$
$$= 15 + 50$$
$$= \mathbf{65} \quad \text{答}$$

83 あるテストの平均が 54 点，標準偏差が 12 点で，実さんの得点が 42 点，教子さんの得点が 69 点であったとき，実さんと教子さんのそれぞれの得点の偏差値を求めなさい。

教科書　完全準拠

ステップノート 数学B《略解》

1章 数列

1 (1) 初項は 1，末項は 17，項数は 5
(2) 初項は 8，末項は 48，項数は 6
(3) 初項は -2，末項は -8，項数は 4

2 (1) 順に　27，41
(2) 順に　4，36
(3) 順に　-12，96
(4) 順に　$\frac{4}{9}$，$\frac{16}{81}$

3 (1) $a_1=8$，$a_2=11$，$a_3=14$，$a_4=17$，$a_5=20$
(2) $a_1=-10$，$a_2=20$，$a_3=-40$，$a_4=80$，$a_5=-160$

4 (1) $a_n=6n$
(2) $a_n=5^n$
(3) $a_n=-7n$
(4) $a_n=(-2)^n$

5 (1) 初項 6，公差 3，第 5 項は 18
(2) 初項 11，公差 1，第 5 項は 15
(3) 初項 10，公差 6，第 5 項は 34
(4) 初項 1，公差 7，第 5 項は 29

6 (1) 初項 -7，公差 5，第 5 項は 13
(2) 初項 9，公差 -7，第 5 項は -19
(3) 初項 -3，公差 -6，第 5 項は -27
(4) 初項 1，公差 $\frac{1}{2}$，第 5 項は 3

7 (1) $a_n=4n+2$，$a_7=30$
(2) $a_n=7n-5$，$a_7=44$
(3) $a_n=-2n-2$，$a_7=-16$

8 (1) $a_n=4n-11$，$a_8=21$
(2) $a_n=-4n+12$，$a_8=-20$
(3) $a_n=-\frac{1}{3}n+\frac{7}{3}$，$a_8=-\frac{1}{3}$

9 $a_n=2n+4$，20 は第 8 項

10 $a_n=-3n-1$，-64 は第 21 項

11 $a_n=2n-7$

12 $a_n=-5n+20$

13 (1) $S=129$
(2) $S=-133$
(3) $S=168$
(4) $S=-24$

14 (1) $S=430$
(2) $S=-172$

15 (1) $S=312$
(2) $S=-300$

16 (1) $S=120$
(2) $S=820$
(3) $S=1275$

17 (1) 初項 6，公比 2，第 5 項は 96
(2) 初項 3，公比 5，第 5 項は 1875
(3) 初項 -5，公比 -3，第 5 項は -405
(4) 初項 -2，公比 4，第 5 項は -512

18 (1) 初項 32，公比 $\frac{1}{2}$，第 5 項は 2
(2) 初項 125，公比 $\frac{1}{5}$，第 5 項は $\frac{1}{5}$
(3) 初項 -81，公比 $-\frac{1}{3}$，第 5 項は -1
(4) 初項 3，公比 $\frac{1}{2}$，第 5 項は $\frac{3}{16}$

19 (1) $a_n=9\times2^{n-1}$，$a_6=288$
(2) $a_n=2\times(-3)^{n-1}$，$a_6=-486$
(3) $a_n=-5\times(-2)^{n-1}$，$a_6=160$

20 (1) $a_n=10^{n-1}$，$a_7=1000000$
(2) $a_n=5\times\left(\frac{1}{2}\right)^{n-1}$，$a_7=\frac{5}{64}$
(3) $a_n=2\times\left(-\frac{2}{3}\right)^{n-1}$，$a_7=\frac{128}{729}$

21 $a_n=5\times3^{n-1}$，1215 は第 6 項

22 $a_n=-6\times(-2)^{n-1}$，768 は第 8 項

23 $a_n=3\times2^{n-1}$ または $a_n=3\times(-2)^{n-1}$

24 $a_n=-5\times(-3)^{n-1}$

25 (1) $S=726$
(2) $S=127$

26 (1) $S=378$
(2) $S=968$

27 (1) $S=215$
(2) $S=-182$

28 (1) $S=44$
(2) $S=-90909$

29 (1) $\sum_{k=1}^{5}10k$
$=10\times1+10\times2+10\times3+10\times4+10\times5$
(2) $\sum_{k=1}^{6}k^3=1^3+2^3+3^3+4^3+5^3+6^3$
(3) $\sum_{k=1}^{4}\left(\frac{1}{2}\right)^k=\left(\frac{1}{2}\right)^1+\left(\frac{1}{2}\right)^2+\left(\frac{1}{2}\right)^3+\left(\frac{1}{2}\right)^4$

30 (1) $\sum_{k=1}^{7}9k$
(2) $\sum_{k=1}^{5}6^k$

(3) $\sum_{k=1}^{6} \frac{1}{\sqrt{k}}$

31 (1) 48

(2) 136

(3) 140

32 (1) -40

(2) 5050

(3) 2870

33 (1) 295

(2) -705

(3) 249

34 (1) 645

(2) 415

35 $a_k = k(k+6)$, 求める和は 715

36 $a_k = 2k(2k+3)$, 求める和は 1032

37 (1) 初項 1, 公差 3 の等差数列

(2) 初項 3, 公比 5 の等比数列

38 (1) 65

(2) 342

39 $a_n = \frac{5}{2}n^2 - \frac{5}{2}n + 4$

40 $a_n = n^2 - 2n + 4$

41 $a_n = \frac{3^n - 1}{2}$

42 $a_n = \frac{10^n - 1}{9}$

43 (1) $a_1 = 5$, $a_{n+1} = a_n + 2$

(2) $a_1 = 8$, $a_{n+1} = a_n - 4$

(3) $a_1 = 7$, $a_{n+1} = 5a_n$

(4) $a_1 = 4$, $a_{n+1} = -3a_n$

44 (1) $a_1 = 2$, $a_2 = 12$, $a_3 = 22$, $a_4 = 32$

(2) $a_1 = 5$, $a_2 = 11$, $a_3 = 23$, $a_4 = 47$

45 (1) $a_n = 3n + 4$

(2) $a_n = 6n - 8$

(3) $a_n = -5n + 8$

(4) $a_n = -2n + 1$

46 (1) $a_n = 4 \times 3^{n-1}$

(2) $a_n = -3 \times 2^{n-1}$

(3) $a_n = 5 \times (-3)^{n-1}$

(4) $a_n = -6 \times (-5)^{n-1}$

47 (1) $a_n = 3 \times 4^{n-1} + 3$

(2) $a_n = 5 \times 2^{n-1} - 1$

48 (1) $a_n = 3 \times 4^{n-1} + 2$

(2) $a_n = 3^{n-1} - 3$

49 [1] $n = 1$ のとき

(左辺) $= 8$

(右辺) $= 4 \times 1^2 + 4 \times 1 = 8$

よって, (左辺) = (右辺) となるから, ①は成り立つ。

[2] $n = k$ のとき, ①が成り立つと仮定すると

$8 + 16 + 24 + \cdots\cdots + 8k = 4k^2 + 4k$

この式より, $n = k + 1$ のとき, ①の左辺は

$8 + 16 + 24 + \cdots\cdots + 8k + 8(k+1)$

$= 4k^2 + 4k + 8(k+1)$

$= 4k^2 + 12k + 8$

$= 4(k^2 + 2k + 1) + 4(k+1)$

$= 4(k+1)^2 + 4(k+1)$

これは, ①の右辺で $n = k + 1$ としたものと等しい。よって, $n = k + 1$ のときも①は成り立つ。

[1], [2]から, ①はすべての自然数 n について成り立つ。

50 $a_n = \frac{3}{2}n^2 - \frac{3}{2}n + 2$

51 [1] $n = 1$ のとき

(左辺) $= 4^1 = 4$

(右辺) $= 3 \times 1 = 3$

よって, (左辺) > (右辺) となるから, ①は成り立つ。

[2] $n = k$ のとき, ①が成り立つと仮定すると

$4^k > 3k$ ------②

$n = k + 1$ のとき, ①の (左辺) − (右辺) は

$4^{k+1} - 3(k+1)$

$= 4 \times 4^k - 3(k+1)$

$> 4 \times 3k - 3(k+1)$

$= 9k - 3$

$= 3(3k - 1) > 0$

よって, ②が成り立つとき

$4^{k+1} > 3(k+1)$

となり, $n = k + 1$ のときも①は成り立つ。

[1], [2]から, ①はすべての自然数 n について成り立つ。

52 $\frac{7}{36}$

53 $\frac{7}{15}$

54 $\frac{11}{36}$

55 $\frac{8}{15}$

56

X	0	1	2	計
P	$\frac{3}{10}$	$\frac{6}{10}$	$\frac{1}{10}$	1

57

X	0	1	2	計
P	$\frac{21}{55}$	$\frac{28}{55}$	$\frac{6}{55}$	1

58 $E(X)=2$ (枚)

59 $E(X)=\frac{4}{3}$ (人)

60

X	P	$X-m$	$(X-m)^2$	$(X-m)^2P$
2	$\frac{1}{10}$	-3	9	$\frac{9}{10}$
3	$\frac{2}{10}$	-2	4	$\frac{8}{10}$
4	$\frac{2}{10}$	-1	1	$\frac{2}{10}$
5	$\frac{2}{10}$	0	0	0
7	$\frac{1}{10}$	2	4	$\frac{4}{10}$
8	$\frac{1}{10}$	3	9	$\frac{9}{10}$
9	$\frac{1}{10}$	4	16	$\frac{16}{10}$
計	1			$\frac{48}{10}$

$V(X)=\frac{24}{5}$

61

X	P	XP	X^2P
0	$\frac{3}{10}$	0	0
1	$\frac{6}{10}$	$\frac{6}{10}$	$\frac{6}{10}$
2	$\frac{1}{10}$	$\frac{2}{10}$	$\frac{4}{10}$
計	1	$\frac{4}{5}$	1

$V(X)=\frac{9}{25}$,　$\sigma(X)=\frac{3}{5}$

62

X	0	1	2	3	4	5	計
P	$\frac{32}{243}$	$\frac{80}{243}$	$\frac{80}{243}$	$\frac{40}{243}$	$\frac{10}{243}$	$\frac{1}{243}$	1

63

X	0	1	2	3	計
P	$\frac{27}{125}$	$\frac{54}{125}$	$\frac{36}{125}$	$\frac{8}{125}$	1

64 $E(X)=\frac{100}{3}$

$V(X)=\frac{200}{9}$

$\sigma(X)=\frac{10\sqrt{2}}{3}$

65 $E(X)=10$

$V(X)=9$

$\sigma(X)=3$

66 (1) $\frac{1}{3}$

(2) $\frac{2}{3}$

67 $\frac{2}{3}$

68 (1) 0.4599

(2) 0.4987

69 (1) 0.4357

(2) 0.3413

70 (1) 0.6687

(2) 0.0215

71 (1) 0.8849

(2) 0.0228

72 0.9270

73 0.3085

74 およそ 37 人

75 0.6826

76 (1) 標本調査

(2) 全数調査

(3) 標本調査

77 乱数表で無作為に場所を決め，そこから右に数字を選び，40 以下の数を 6 個選べばよい。

78 $E(\overline{X})=60$,　$\sigma(\overline{X})=2$

79 (1) $m=1$,　$\sigma=\frac{\sqrt{2}}{2}$

(2) $E(\overline{X})=1$,　$\sigma(\overline{X})=\frac{1}{4}$

80 0.9710

81 63.95 点以上 66.89 点以下

82 「さいころは正しく作られている」と仮説を立てる。
問題文より，有意水準を 5 %とする。

6 の目が出る回数 X は，二項分布 $B\left(180,\ \frac{1}{6}\right)$ にしたがうので

$$E(X)=180\times\frac{1}{6}=30$$

$$\sigma(X)=\sqrt{180\times\frac{1}{6}\times\left(1-\frac{1}{6}\right)}=5$$

$n=180$ は十分に大きいと考えられるので，X は

近似的に正規分布 $N(30,\ 5^2)$ にしたがう。

ここで，$Z=\dfrac{X-30}{5}$ とおくと，Z は標準正規分布 $N(0,\ 1)$ にしたがう。

$X=39$ のとき，$Z=\dfrac{39-30}{5}=1.8$ であるから，

正規分布表より

$$P(X \geqq 39)=P(Z \geqq 1.8)$$
$$=0.5-0.4641=0.0359$$

すなわち，約 3.6 %である。

有意水準 5 %と比べて，この確率 3.6 %は小さい。

よって，最初に立てた仮説は否定される。

したがって，「さいころは正しく作られているとはいえない」と判断できる。

83 実さん 40，教子さん 62.5

公式集

1章　数列

1. 等差数列の一般項

初項 a，公差 d の等差数列 $\{a_n\}$ の一般項は

$$a_n = a + (n-1)d$$

2. 等差数列の和

1 初項 a，末項 l，項数 n の等差数列の和 S は

$$S = \frac{1}{2}n(a+l)$$

2 初項 a，公差 d，項数 n の等差数列の和 S は

$$S = \frac{1}{2}n\{2a+(n-1)d\}$$

3. 等比数列の一般項

初項 a，公比 r の等比数列 $\{a_n\}$ の一般項は

$$a_n = ar^{n-1}$$

4. 等比数列の和

初項 a，公比 r，項数 n の等比数列の和 S は

$$S = \frac{a(r^n-1)}{r-1} \qquad (r \neq 1)$$

$r<1$ のときは，次の公式を用いると計算しやすい。

$$S = \frac{a(1-r^n)}{1-r}$$

5. 和を表す記号Σ

$$\sum_{k=1}^{n} a_k = a_1 + a_2 + a_3 + a_4 + \cdots\cdots + a_n$$

6. Σの性質

1 $\displaystyle\sum_{k=1}^{n}(a_k+b_k) = \sum_{k=1}^{n}a_k + \sum_{k=1}^{n}b_k$

2 $\displaystyle\sum_{k=1}^{n}ca_k = c\sum_{k=1}^{n}a_k$　　(c は定数)

3 $\displaystyle\sum_{k=1}^{n}c = nc$　　(c は定数)

7. 自然数の和，自然数の2乗の和

1 $\displaystyle\sum_{k=1}^{n}k = 1+2+3+\cdots\cdots+n = \frac{1}{2}n(n+1)$

2 $\displaystyle\sum_{k=1}^{n}k^2 = 1^2+2^2+3^2+\cdots\cdots+n^2 = \frac{1}{6}n(n+1)(2n+1)$

8. 階差数列と一般項

数列 $\{a_n\}$ の階差数列を $\{b_n\}$ とすると

$$a_n = a_1 + (b_1 + b_2 + \cdots\cdots + b_{n-1}) \qquad (n \geqq 2)$$

9. 数学的帰納法

自然数 n についてのことがらを P とする。

1 $n=1$ のとき，P が成り立つことを示す。

2 $n=k$ のとき，P が成り立つと仮定すると
$n=k+1$ のときも P が成り立つことを示す。

2章　統計的な推測

1. 事象 A の確率

$$P(A)=\frac{a}{N}=\frac{\text{事象 } A \text{ が起こる場合の数}}{\text{起こりうるすべての場合の数}}$$

2. 確率変数の平均

$$E(X)=x_1p_1+x_2p_2+\cdots\cdots+x_np_n$$

3. 確率変数の分散

X の平均を m とするとき

1 $V(X)=(x_1-m)^2p_1+(x_2-m)^2p_2+\cdots+(x_n-m)^2p_n$

2 $V(X)=E(X^2)-m^2$

4. 確率変数の標準偏差

$$\sigma(X)=\sqrt{V(X)}$$

5. 二項分布の確率

事象 A の起こる確率が p である試行を n 回くり返す反復試行において，事象 A の起こる回数を X とすると，$X=r$ となる確率は

$$P(X=r)={}_n\mathrm{C}_rp^r(1-p)^{n-r}\quad(r=0,1,\cdots\cdots,n)$$

この X の確率分布を二項分布といい，$B(n,\ p)$ で表す。

6. 二項分布の平均，分散，標準偏差

確率変数 X が二項分布 $B(n,\ p)$ にしたがうとき

平均　$E(X)=np$

分散　$V(X)=np(1-p)$

標準偏差　$\sigma(X)=\sqrt{np(1-p)}$

7. 正規分布の確率密度関数

確率変数 X の確率密度関数が

$$f(x)=\frac{1}{\sqrt{2\pi}\,\sigma}e^{-\frac{(x-m)^2}{2\sigma^2}}$$

で表されるとき，この確率分布を正規分布といい，平均 m，標準偏差 σ の正規分布を $N(m,\sigma^2)$ で表す。

8. 標準正規分布

確率変数 Z が，平均 $m=0$，標準偏差 $\sigma=1$ の正規分布にしたがうとき，この正規分布 $N(0,1)$ を標準正規分布という。

9. 確率変数の標準化

確率変数 X が正規分布 $N(m,\sigma^2)$ にしたがうとき，$Z=\dfrac{X-m}{\sigma}$ で定められる確率変数 Z は，標準正規分布 $N(0,1)$ にしたがう。

確率変数 X を，標準正規分布にしたがう確率変数 Z に変えることを標準化するという。

10. 二項分布の正規分布による近似

二項分布 $B(n,p)$ にしたがう確率変数 X は，n の値が十分に大きいとき，近似的に正規分布 $N(np,np(1-p))$ にしたがう。

11. 標本平均 $\overline{X}$ の平均と標準偏差

母平均 m，母標準偏差 σ の母集団から，大きさ n の標本を抽出するとき

標本平均の平均　$E(\overline{X})=m$

標本平均の標準偏差　$\sigma(\overline{X})=\dfrac{\sigma}{\sqrt{n}}$

12. 標本平均の分布

母平均 m，母標準偏差 σ の母集団から，大きさ n の標本を抽出するとき，n が十分に大きければ，標本平均の $\overline{X}$ は，

近似的に正規分布 $N\left(m,\dfrac{\sigma^2}{n}\right)$ にしたがう。

13. 母平均の推定

母標準偏差 σ の母集団から，大きさ n の標本を抽出するとき，n が十分に大きければ，母平均 m に対する信頼度 95％の信頼区間は

$$\overline{X}-1.96\times\frac{\sigma}{\sqrt{n}}\leqq m\leqq\overline{X}+1.96\times\frac{\sigma}{\sqrt{n}}$$

ステップノート数学B
表紙デザイン――エッジ・デザインオフィス
本文基本デザイン――エッジ・デザインオフィス

●編　者　実教出版編修部
●発行者　小田良次
●印刷所　株式会社太洋社

●発行所　実教出版株式会社
〒102-8377
東京都千代田区五番町 5
電話〈営業〉(03) 3238-7777
〈編修〉(03) 3238-7785
〈総務〉(03) 3238-7700
https://www.jikkyo.co.jp/

002402023　ISBN 978-4-407-35154-5

平方・平方根の表

n	n^2	$\sqrt{n}$	$\sqrt{10n}$	n	n^2	$\sqrt{n}$	$\sqrt{10n}$
1	1	1.0000	3.1623	51	2601	7.1414	22.5832
2	4	1.4142	4.4721	52	2704	7.2111	22.8035
3	9	1.7321	5.4772	53	2809	7.2801	23.0217
4	16	2.0000	6.3246	54	2916	7.3485	23.2379
5	25	2.2361	7.0711	55	3025	7.4162	23.4521
6	36	2.4495	7.7460	56	3136	7.4833	23.6643
7	49	2.6458	8.3666	57	3249	7.5498	23.8747
8	64	2.8284	8.9443	58	3364	7.6158	24.0832
9	81	3.0000	9.4868	59	3481	7.6811	24.2899
10	100	3.1623	10.0000	60	3600	7.7460	24.4949
11	121	3.3166	10.4881	61	3721	7.8102	24.6982
12	144	3.4641	10.9545	62	3844	7.8740	24.8998
13	169	3.6056	11.4018	63	3969	7.9373	25.0998
14	196	3.7417	11.8322	64	4096	8.0000	25.2982
15	225	3.8730	12.2474	65	4225	8.0623	25.4951
16	256	4.0000	12.6491	66	4356	8.1240	25.6905
17	289	4.1231	13.0384	67	4489	8.1854	25.8844
18	324	4.2426	13.4164	68	4624	8.2462	26.0768
19	361	4.3589	13.7840	69	4761	8.3066	26.2679
20	400	4.4721	14.1421	70	4900	8.3666	26.4575
21	441	4.5826	14.4914	71	5041	8.4261	26.6458
22	484	4.6904	14.8324	72	5184	8.4853	26.8328
23	529	4.7958	15.1658	73	5329	8.5440	27.0185
24	576	4.8990	15.4919	74	5476	8.6023	27.2029
25	625	5.0000	15.8114	75	5625	8.6603	27.3861
26	676	5.0990	16.1245	76	5776	8.7178	27.5681
27	729	5.1962	16.4317	77	5929	8.7750	27.7489
28	784	5.2915	16.7332	78	6084	8.8318	27.9285
29	841	5.3852	17.0294	79	6241	8.8882	28.1069
30	900	5.4772	17.3205	80	6400	8.9443	28.2843
31	961	5.5678	17.6068	81	6561	9.0000	28.4605
32	1024	5.6569	17.8885	82	6724	9.0554	28.6356
33	1089	5.7446	18.1659	83	6889	9.1104	28.8097
34	1156	5.8310	18.4391	84	7056	9.1652	28.9828
35	1225	5.9161	18.7083	85	7225	9.2195	29.1548
36	1296	6.0000	18.9737	86	7396	9.2736	29.3258
37	1369	6.0828	19.2354	87	7569	9.3274	29.4958
38	1444	6.1644	19.4936	88	7744	9.3808	29.6648
39	1521	6.2450	19.7484	89	7921	9.4340	29.8329
40	1600	6.3246	20.0000	90	8100	9.4868	30.0000
41	1681	6.4031	20.2485	91	8281	9.5394	30.1662
42	1764	6.4807	20.4939	92	8464	9.5917	30.3315
43	1849	6.5574	20.7364	93	8649	9.6437	30.4959
44	1936	6.6332	20.9762	94	8836	9.6954	30.6594
45	2025	6.7082	21.2132	95	9025	9.7468	30.8221
46	2116	6.7823	21.4476	96	9216	9.7980	30.9839
47	2209	6.8557	21.6795	97	9409	9.8489	31.1448
48	2304	6.9282	21.9089	98	9604	9.8995	31.3050
49	2401	7.0000	22.1359	99	9801	9.9499	31.4643
50	2500	7.0711	22.3607	100	10000	10.0000	31.6228

$f(z)=\frac{1}{\sqrt{2\pi}}e^{-\frac{z^2}{2}}$

t から $P(0 \leqq Z \leqq t)$ を求める

正規分布表

t	.00	.01	.02	.03	.04	.05	.06	.07	.08	.09
0.0	0.0000	0.0040	0.0080	0.0120	0.0160	0.0199	0.0239	0.0279	0.0319	0.0359
0.1	0.0398	0.0438	0.0478	0.0517	0.0557	0.0596	0.0636	0.0675	0.0714	0.0753
0.2	0.0793	0.0832	0.0871	0.0910	0.0948	0.0987	0.1026	0.1064	0.1103	0.1141
0.3	0.1179	0.1217	0.1255	0.1293	0.1331	0.1368	0.1406	0.1443	0.1480	0.1517
0.4	0.1554	0.1591	0.1628	0.1664	0.1700	0.1736	0.1772	0.1808	0.1844	0.1879
0.5	0.1915	0.1950	0.1985	0.2019	0.2054	0.2088	0.2123	0.2157	0.2190	0.2224
0.6	0.2257	0.2291	0.2324	0.2357	0.2389	0.2422	0.2454	0.2486	0.2517	0.2549
0.7	0.2580	0.2611	0.2642	0.2673	0.2704	0.2734	0.2764	0.2794	0.2823	0.2852
0.8	0.2881	0.2910	0.2939	0.2967	0.2995	0.3023	0.3051	0.3078	0.3106	0.3133
0.9	0.3159	0.3186	0.3212	0.3238	0.3264	0.3289	0.3315	0.3340	0.3365	0.3389
1.0	0.3413	0.3438	0.3461	0.3485	0.3508	0.3531	0.3554	0.3577	0.3599	0.3621
1.1	0.3643	0.3665	0.3686	0.3708	0.3729	0.3749	0.3770	0.3790	0.3810	0.3830
1.2	0.3849	0.3869	0.3888	0.3907	0.3925	0.3944	0.3962	0.3980	0.3997	0.4015
1.3	0.4032	0.4049	0.4066	0.4082	0.4099	0.4115	0.4131	0.4147	0.4162	0.4177
1.4	0.4192	0.4207	0.4222	0.4236	0.4251	0.4265	0.4279	0.4292	0.4306	0.4319
1.5	0.4332	0.4345	0.4357	0.4370	0.4382	0.4394	0.4406	0.4418	0.4429	0.4441
1.6	0.4452	0.4463	0.4474	0.4484	0.4495	0.4505	0.4515	0.4525	0.4535	0.4545
1.7	0.4554	0.4564	0.4573	0.4582	0.4591	0.4599	0.4608	0.4616	0.4625	0.4633
1.8	0.4641	0.4649	0.4656	0.4664	0.4671	0.4678	0.4686	0.4693	0.4699	0.4706
1.9	0.4713	0.4719	0.4726	0.4732	0.4738	0.4744	0.4750	0.4756	0.4761	0.4767
2.0	0.4772	0.4778	0.4783	0.4788	0.4793	0.4798	0.4803	0.4808	0.4812	0.4817
2.1	0.4821	0.4826	0.4830	0.4834	0.4838	0.4842	0.4846	0.4850	0.4854	0.4857
2.2	0.4861	0.4864	0.4868	0.4871	0.4875	0.4878	0.4881	0.4884	0.4887	0.4890
2.3	0.4893	0.4896	0.4898	0.4901	0.4904	0.4906	0.4909	0.4911	0.4913	0.4916
2.4	0.4918	0.4920	0.4922	0.4925	0.4927	0.4929	0.4931	0.4932	0.4934	0.4936
2.5	0.4938	0.4940	0.4941	0.4943	0.4945	0.4946	0.4948	0.4949	0.4951	0.4952
2.6	0.4953	0.4955	0.4956	0.4957	0.4959	0.4960	0.4961	0.4962	0.4963	0.4964
2.7	0.4965	0.4966	0.4967	0.4968	0.4969	0.4970	0.4971	0.4972	0.4973	0.4974
2.8	0.4974	0.4975	0.4976	0.4977	0.4977	0.4978	0.4979	0.4979	0.4980	0.4981
2.9	0.4981	0.4982	0.4982	0.4983	0.4984	0.4984	0.4985	0.4985	0.4986	0.4986
3.0	0.4987	0.4987	0.4987	0.4988	0.4988	0.4989	0.4989	0.4989	0.4990	0.4990
3.1	0.4990	0.4991	0.4991	0.4991	0.4992	0.4992	0.4992	0.4992	0.4993	0.4993
3.2	0.4993	0.4993	0.4994	0.4994	0.4994	0.4994	0.4994	0.4995	0.4995	0.4995
3.3	0.4995	0.4995	0.4995	0.4996	0.4996	0.4996	0.4996	0.4996	0.4996	0.4997
3.4	0.4997	0.4997	0.4997	0.4997	0.4997	0.4997	0.4997	0.4997	0.4997	0.4998
3.5	0.4998	0.4998	0.4998	0.4998	0.4998	0.4998	0.4998	0.4998	0.4998	0.4998

教科書 完全準拠

ステップノート 数学B《解答編》

実教出版編修部 編

1章 数列

1

(1) 初項は **1**，末項は **17**，項数は **5**

(2) 初項は **8**，末項は **48**，項数は **6**

(3) 初項は **−2**，末項は **−8**，項数は **4**

2

(1) 順に **27，41**

(2) 順に **4，36**

(3) 順に **−12，96**

(4) 順に $\mathbf{\frac{4}{9}}$，$\mathbf{\frac{16}{81}}$

3

(1) $a_1=3\times1+5=\mathbf{8}$

$a_2=3\times2+5=\mathbf{11}$

$a_3=3\times3+5=\mathbf{14}$

$a_4=3\times4+5=\mathbf{17}$

$a_5=3\times5+5=\mathbf{20}$

(2) $a_1=5\times(-2)^1=\mathbf{-10}$

$a_2=5\times(-2)^2=\mathbf{20}$

$a_3=5\times(-2)^3=\mathbf{-40}$

$a_4=5\times(-2)^4=\mathbf{80}$

$a_5=5\times(-2)^5=\mathbf{-160}$

4

(1) $a_1=6\times1$，$a_2=6\times2$，

$a_3=6\times3$，$a_4=6\times4$

と表される。よって，一般項は

$a_n=6\times n=\boldsymbol{6n}$

(2) $a_1=5^1$，$a_2=5^2$，

$a_3=5^3$，$a_4=5^4$

と表される。よって，一般項は

$a_n=\boldsymbol{5^n}$

(3) $a_1=-7\times1$，$a_2=-7\times2$，

$a_3=-7\times3$，$a_4=-7\times4$

と表される。よって，一般項は

$a_n=-7\times n=\boldsymbol{-7n}$

(4) $a_1=(-2)^1$，$a_2=(-2)^2$，

$a_3=(-2)^3$，$a_4=(-2)^4$

と表される。よって，一般項は

$a_n=\boldsymbol{(-2)^n}$

5

(1) 初項 **6**，公差 **3**，第 5 項は **18**

(2) 初項 **11**，公差 **1**，第 5 項は **15**

(3) 初項 **10**，公差 **6**，第 5 項は **34**

(4) 初項 **1**，公差 **7**，第 5 項は **29**

6

(1) 初項 **−7**，公差 **5**，第 5 項は **13**

(2) 初項 **9**，公差 **−7**，第 5 項は **−19**

(3) 初項 **−3**，公差 **−6**，第 5 項は **−27**

(4) 初項 **1**，公差 $\mathbf{\frac{1}{2}}$，第 5 項は **3**

7

(1) 初項 6，公差 4 だから，一般項 a_n は

$a_n=6+(n-1)\times4$

$=\boldsymbol{4n+2}$

第 7 項は，この式に $n=7$ を代入して

$a_7=4\times7+2=\mathbf{30}$

(2) 初項 2，公差 7 だから，一般項 a_n は

$a_n=2+(n-1)\times7$

$=\boldsymbol{7n-5}$

第 7 項は，この式に $n=7$ を代入して

$a_7=7\times7-5=\mathbf{44}$

(3) 初項 −4，公差 −2 だから，一般項 a_n は

$a_n=-4+(n-1)\times(-2)$

$=\boldsymbol{-2n-2}$

第 7 項は，この式に $n=7$ を代入して

$a_7=-2\times7-2=\mathbf{-16}$

8

(1) 初項 −7，公差 4 だから，一般項 a_n は

$a_n=-7+(n-1)\times4$

$=\boldsymbol{4n-11}$

第 8 項は，この式に $n=8$ を代入して

$a_8=4\times8-11=\mathbf{21}$

(2) 初項 8，公差 −4 だから，一般項 a_n は

$a_n=8+(n-1)\times(-4)$

$=\boldsymbol{-4n+12}$

第 8 項は，この式に $n=8$ を代入して

$a_8=-4\times8+12=\mathbf{-20}$

(3) 初項2，公差$-\frac{1}{3}$だから，一般項a_nは

$$a_n=2+(n-1)\times\left(-\frac{1}{3}\right)$$
$$=-\frac{1}{3}n+\frac{7}{3}$$

第8項は，この式に $n=8$ を代入して

$$a_8=-\frac{1}{3}\times 8+\frac{7}{3}=-\frac{1}{3}$$

9

初項6，公差2だから，一般項a_nは

$$a_n=6+(n-1)\times 2$$
$$=2n+4$$

ここで，20を第n項とすると

$$2n+4=20$$
$$2n=16$$
$$n=8$$

よって，20は**第8項**である。

10

初項-4，公差-3だから，一般項a_nは

$$a_n=-4+(n-1)\times(-3)$$
$$=-3n-1$$

ここで，-64を第n項とすると

$$-3n-1=-64$$
$$-3n=-63$$
$$n=21$$

よって，-64は**第21項**である。

11

初項をa，公差をdとする。

第5項は$a+4d$，第12項は$a+11d$と表せるから

$$\begin{cases}a+4d=3 & \cdots\cdots ①\\ a+11d=17 & \cdots\cdots ②\end{cases}$$

②－①から　$7d=14$ となり　$d=2$

これを①に代入して　$a=-5$

よって，一般項a_nは

$$a_n=-5+(n-1)\times 2$$
$$=2n-7$$

12

初項をa，公差をdとする。

第3項は$a+2d$，第7項は$a+6d$と表せるから

$$\begin{cases}a+2d=5 & \cdots\cdots ①\\ a+6d=-15 & \cdots\cdots ②\end{cases}$$

②－①から　$4d=-20$ となり　$d=-5$

これを①に代入して　$a=15$

よって，一般項a_nは

$$a_n=15+(n-1)\times(-5)$$
$$=-5n+20$$

13

(1) 初項4，末項39，項数6だから

$$S=\frac{1}{2}\times 6\times(4+39)$$
$$=3\times 43=129$$

(2) 初項-7，末項-31，項数7だから

$$S=\frac{1}{2}\times 7\times\{-7+(-31)\}$$
$$=7\times(-19)=-133$$

(3) 初項9，末項39，項数7だから

$$S=\frac{1}{2}\times 7\times(9+39)$$
$$=7\times 24=168$$

(4) 初項11，末項-17，項数8だから

$$S=\frac{1}{2}\times 8\times\{11+(-17)\}$$
$$=4\times(-6)=-24$$

14

(1) 初項16，公差6だから，一般項a_nは

$$a_n=16+(n-1)\times 6$$
$$=6n+10$$

末項70を第n項とすると

$6n+10=70$ から　$n=10$

よって，項数10だから

$$S=\frac{1}{2}\times 10\times(16+70)$$
$$=10\times 43=430$$

(2) 初項3，公差-7だから，一般項a_nは

$$a_n=3+(n-1)\times(-7)$$
$$=-7n+10$$

末項-46を第n項とすると

$-7n+10=-46$ から　$n=8$

よって，項数8だから

$$S=\frac{1}{2}\times 8\times\{3+(-46)\}$$
$$=4\times(-43)=-172$$

15

(1) 初項4，公差10，項数8だから

$$S=\frac{1}{2}\times 8\times\{2\times 4+(8-1)\times 10\}$$
$$=4\times 78$$
$$=312$$

(2) 初項-3，公差-6，項数10だから

$$S=\frac{1}{2}\times 10\times\{2\times(-3)+(10-1)\times(-6)\}$$
$$=5\times(-60)$$
$$=-300$$

16

(1) $S=\frac{1}{2}\times 15\times(15+1)$

$$=\frac{1}{2}\times 15\times 16$$
$$=120$$

(2) $S=\frac{1}{2}\times 40\times(40+1)$

$=\frac{1}{2}\times 40\times 41$

$=\mathbf{820}$

(3) 1から50までの自然数の和だから

$S=\frac{1}{2}\times 50\times(50+1)$

$=\frac{1}{2}\times 50\times 51$

$=\mathbf{1275}$

17

(1) 初項**6**，公比**2**，第5項は**96**

(2) 初項**3**，公比**5**，第5項は**1875**

(3) 初項**−5**，公比**−3**，第5項は**−405**

(4) 初項**−2**，公比**4**，第5項は**−512**

18

(1) 初項**32**，公比$\mathbf{\frac{1}{2}}$，第5項は**2**

(2) 初項**125**，公比$\mathbf{\frac{1}{5}}$，第5項は$\mathbf{\frac{1}{5}}$

(3) 初項**−81**，公比$\mathbf{-\frac{1}{3}}$，第5項は**−1**

(4) 初項**3**，公比$\mathbf{\frac{1}{2}}$，第5項は$\mathbf{\frac{3}{16}}$

19

(1) 初項9，公比2だから，一般項a_nは

$a_n=\mathbf{9\times 2^{n-1}}$

第6項は，この式に $n=6$ を代入して

$a_6=9\times 2^{6-1}$

$=9\times 2^5$

$=9\times 32=\mathbf{288}$

(2) 初項2，公比−3だから，一般項a_nは

$a_n=\mathbf{2\times(-3)^{n-1}}$

第6項は，この式に $n=6$ を代入して

$a_6=2\times(-3)^{6-1}$

$=2\times(-3)^5$

$=2\times(-243)=\mathbf{-486}$

(3) 初項−5，公比−2だから，一般項a_nは

$a_n=\mathbf{-5\times(-2)^{n-1}}$

第6項は，この式に $n=6$ を代入して

$a_6=-5\times(-2)^{6-1}$

$=-5\times(-2)^5$

$=-5\times(-32)=\mathbf{160}$

20

(1) 初項1，公比10だから，一般項a_nは

$a_n=1\times 10^{n-1}=\mathbf{10^{n-1}}$

第7項は，この式に $n=7$ を代入して

$a_7=10^{7-1}$

$=10^6=\mathbf{1000000}$

(2) 初項5，公比$\frac{1}{2}$だから，一般項a_nは

$a_n=\mathbf{5\times\left(\frac{1}{2}\right)^{n-1}}$

第7項は，この式に $n=7$ を代入して

$a_7=5\times\left(\frac{1}{2}\right)^{7-1}$

$=5\times\left(\frac{1}{2}\right)^6$

$=5\times\frac{1}{64}=\mathbf{\frac{5}{64}}$

(3) 初項2，公比$-\frac{2}{3}$だから，一般項a_nは

$a_n=\mathbf{2\times\left(-\frac{2}{3}\right)^{n-1}}$

第7項は，この式に $n=7$ を代入して

$a_7=2\times\left(-\frac{2}{3}\right)^{7-1}$

$=2\times\left(-\frac{2}{3}\right)^6$

$=2\times\frac{64}{729}=\mathbf{\frac{128}{729}}$

21

初項5，公比3だから，一般項a_nは

$a_n=\mathbf{5\times 3^{n-1}}$

ここで，1215を第n項とすると

$5\times 3^{n-1}=1215$ から

$3^{n-1}=243$

$3^{n-1}=3^5$

$n-1=5$

$n=6$

よって，1215は**第6項**である。

22

初項−6，公比−2だから，一般項a_nは

$a_n=\mathbf{-6\times(-2)^{n-1}}$

ここで，768を第n項とすると

$-6\times(-2)^{n-1}=768$

$(-2)^{n-1}=-128$

$(-2)^{n-1}=(-2)^7$

$n-1=7$

$n=8$

よって，768は**第8項**である。

23

初項をa，公比をrとする。

第3項はar^2，第5項はar^4と表せるから

$\begin{cases} ar^2=12 & \text{------①} \\ ar^4=48 & \text{------②} \end{cases}$

②÷①から

$r^2=4$ となり　$r=\pm 2$

$r^2=4$ を①に代入して　$a=3$

よって，一般項a_nは

$a_n=\mathbf{3\times 2^{n-1}}$ または $a_n=\mathbf{3\times(-2)^{n-1}}$

24

初項を a，公比を r とする。

第3項は ar^2，第6項は ar^5 と表せるから

$$\begin{cases} ar^2 = -45 & \text{------①} \\ ar^5 = 1215 & \text{------②} \end{cases}$$

②÷①から

$r^3 = -27$ となり　$r = -3$

$r = -3$ を①に代入して

$$a \times (-3)^2 = -45$$
$$a = -5$$

よって，一般項 a_n は

$$\boldsymbol{a_n = -5 \times (-3)^{n-1}}$$

25

(1)　初項6，公比3，項数5だから

$$S = \frac{6 \times (3^5 - 1)}{3 - 1} = \frac{6 \times 242}{2} = \mathbf{726}$$

(2)　初項1，公比2，項数7だから

$$S = \frac{1 \times (2^7 - 1)}{2 - 1} = \frac{1 \times 127}{1} = \mathbf{127}$$

26

(1)　初項6，公比2，項数6だから

$$S = \frac{6 \times (2^6 - 1)}{2 - 1} = \frac{6 \times 63}{1} = \mathbf{378}$$

(2)　初項8，公比3，項数5だから

$$S = \frac{8 \times (3^5 - 1)}{3 - 1} = \frac{8 \times 242}{2} = \mathbf{968}$$

27

(1)　初項5，公比−2，項数7だから

$$S = \frac{5 \times \{(-2)^7 - 1\}}{(-2) - 1} = \frac{5 \times (-129)}{-3} = \mathbf{215}$$

別解

$$S = \frac{5 \times \{1 - (-2)^7\}}{1 - (-2)} = \frac{5 \times 129}{3} = \mathbf{215}$$

(2)　初項1，公比−3，項数6だから

$$S = \frac{1 \times \{(-3)^6 - 1\}}{(-3) - 1} = \frac{1 \times 728}{-4} = \mathbf{-182}$$

別解

$$S = \frac{1 \times \{1 - (-3)^6\}}{1 - (-3)} = \frac{1 \times (-728)}{4} = \mathbf{-182}$$

28

(1)　初項4，公比−2，項数5だから

$$S = \frac{4 \times \{(-2)^5 - 1\}}{(-2) - 1} = \frac{4 \times (-33)}{-3} = \mathbf{44}$$

別解

$$S = \frac{4 \times \{1 - (-2)^5\}}{1 - (-2)} = \frac{4 \times 33}{3} = \mathbf{44}$$

(2)　初項1，公比−10，項数6だから

$$S = \frac{1 \times \{(-10)^6 - 1\}}{(-10) - 1} = \frac{1 \times 999999}{-11} = \mathbf{-90909}$$

別解

$$S = \frac{1 \times \{1 - (-10)^6\}}{1 - (-10)} = \frac{1 \times (-999999)}{11} = \mathbf{-90909}$$

29

(1)　$\sum_{k=1}^{5} 10k$

$= \mathbf{10 \times 1 + 10 \times 2 + 10 \times 3 + 10 \times 4 + 10 \times 5}$

(2)　$\sum_{k=1}^{6} k^3$

$= \mathbf{1^3 + 2^3 + 3^3 + 4^3 + 5^3 + 6^3}$

(3)　$\sum_{k=1}^{4} \left(\frac{1}{2}\right)^k$

$= \left(\frac{1}{2}\right)^1 + \left(\frac{1}{2}\right)^2 + \left(\frac{1}{2}\right)^3 + \left(\frac{1}{2}\right)^4$

30

(1)　$9 + 18 + 27 + 36 + 45 + 54 + 63$

$= \boldsymbol{\sum_{k=1}^{7} 9k}$

(2)　$6 + 6^2 + 6^3 + 6^4 + 6^5$

$= \boldsymbol{\sum_{k=1}^{5} 6^k}$

(3)　$\frac{1}{\sqrt{1}} + \frac{1}{\sqrt{2}} + \frac{1}{\sqrt{3}} + \frac{1}{\sqrt{4}} + \frac{1}{\sqrt{5}} + \frac{1}{\sqrt{6}}$

$= \boldsymbol{\sum_{k=1}^{6} \frac{1}{\sqrt{k}}}$

31

(1) $\sum_{k=1}^{6} 8 = 6 \times 8$

$= \mathbf{48}$

(2) $\sum_{k=1}^{16} k = \frac{1}{2} \times 16 \times (16+1)$

$= \frac{1}{2} \times 16 \times 17$

$= \mathbf{136}$

(3) $\sum_{k=1}^{7} k^2 = \frac{1}{6} \times 7 \times (7+1) \times (2 \times 7 + 1)$

$= \frac{1}{6} \times 7 \times 8 \times 15$

$= \mathbf{140}$

32

(1) $\sum_{k=1}^{10} (-4) = 10 \times (-4)$

$= \mathbf{-40}$

(2) $\sum_{k=1}^{100} k = \frac{1}{2} \times 100 \times (100+1)$

$= \frac{1}{2} \times 100 \times 101$

$= \mathbf{5050}$

(3) $\sum_{k=1}^{20} k^2 = \frac{1}{6} \times 20 \times (20+1) \times (2 \times 20 + 1)$

$= \frac{1}{6} \times 20 \times 21 \times 41$

$= \mathbf{2870}$

33

(1) $\sum_{k=1}^{10} (5k+2) = \sum_{k=1}^{10} 5k + \sum_{k=1}^{10} 2$

$= 5\sum_{k=1}^{10} k + \sum_{k=1}^{10} 2$

$= 5 \times \frac{1}{2} \times 10 \times 11 + 10 \times 2$

$= 275 + 20$

$= \mathbf{295}$

(2) $\sum_{k=1}^{15} (9-7k) = \sum_{k=1}^{15} 9 - \sum_{k=1}^{15} 7k$

$= \sum_{k=1}^{15} 9 - 7\sum_{k=1}^{15} k$

$= 15 \times 9 - 7 \times \frac{1}{2} \times 15 \times 16$

$= 135 - 840$

$= \mathbf{-705}$

(3) $\sum_{k=1}^{6} (3k^2-4) = \sum_{k=1}^{6} 3k^2 - \sum_{k=1}^{6} 4$

$= 3\sum_{k=1}^{6} k^2 - \sum_{k=1}^{6} 4$

$= 3 \times \frac{1}{6} \times 6 \times 7 \times 13 - 6 \times 4$

$= 273 - 24$

$= \mathbf{249}$

34

(1) $\sum_{k=1}^{10} (k-1)(k+7)$

$= \sum_{k=1}^{10} (k^2+6k-7)$

$= \sum_{k=1}^{10} k^2 + 6\sum_{k=1}^{10} k - \sum_{k=1}^{10} 7$

$= \frac{1}{6} \times 10 \times 11 \times 21 + 6 \times \frac{1}{2} \times 10 \times 11 - 10 \times 7$

$= 385 + 330 - 70$

$= \mathbf{645}$

(2) $\sum_{k=1}^{15} (k-5)^2$

$= \sum_{k=1}^{15} (k^2-10k+25)$

$= \sum_{k=1}^{15} k^2 - 10\sum_{k=1}^{15} k + \sum_{k=1}^{15} 25$

$= \frac{1}{6} \times 15 \times 16 \times 31 - 10 \times \frac{1}{2} \times 15 \times 16 + 15 \times 25$

$= 1240 - 1200 + 375$

$= \mathbf{415}$

35

この数列の第 k 項は $\boldsymbol{a_k = k(k+6)}$ と表せる。

よって，求める和は

$\sum_{k=1}^{10} k(k+6) = \sum_{k=1}^{10} (k^2+6k)$

$= \sum_{k=1}^{10} k^2 + 6\sum_{k=1}^{10} k$

$= \frac{1}{6} \times 10 \times 11 \times 21 + 6 \times \frac{1}{2} \times 10 \times 11$

$= 385 + 330$

$= \mathbf{715}$

36

この数列の第 k 項は $\boldsymbol{a_k = 2k(2k+3)}$ と表せる。

よって，求める和は

$\sum_{k=1}^{8} 2k(2k+3)$

$= \sum_{k=1}^{8} (4k^2+6k)$

$= 4\sum_{k=1}^{8} k^2 + 6\sum_{k=1}^{8} k$

$= 4 \times \frac{1}{6} \times 8 \times 9 \times 17 + 6 \times \frac{1}{2} \times 8 \times 9$

$= 816 + 216$

$= \mathbf{1032}$

37

(1) 1, 2, 6, 13, 23, ……

1, 4, 7, 10, ……

よって，階差数列は初項 **1**，公差 **3** の等差数列である。

(2) 2, 5, 20, 95, 470, ……

3, 15, 75, 375, ……

よって，階差数列は初項 **3**，公比 **5** の等比数列である。

38

(1) 5, 7, 14, 26, 43, [ ], ……

　2, 7, 12, 17, ア, ……

よって，階差数列は初項 2，公差 5 の等差数列である。したがって，アは 22 だから，空欄の第 6 項は

$43+22=\mathbf{65}$

(2) 1, 2, 6, 22, 86, [ ], ……

　1, 4, 16, 64, ア, ……

よって，階差数列は初項 1，公比 4 の等比数列である。したがって，アは 256 だから，空欄の第 6 項は

$86+256=\mathbf{342}$

39

数列 $\{a_n\}$ の階差数列 $\{b_n\}$ は

5, 10, 15, 20, ……

これは，初項 5，公差 5 の等差数列だから

$b_n=5+(n-1)\times 5=5n$

$n \geqq 2$ のとき

$$a_n=4+\{5+10+15+\cdots\cdots+5(n-1)\}$$
$$=4+\frac{1}{2}(n-1)\{5+5(n-1)\}$$
$$=\frac{5}{2}n^2-\frac{5}{2}n+4 \quad \text{------①}$$

ここで，①に $n=1$ を代入すると

$a_1=\frac{5}{2}\times 1^2-\frac{5}{2}\times 1+4=4$ となり，$\{a_n\}$ の初項と一致する。

よって，一般項 a_n は

$$a_n=\boldsymbol{\frac{5}{2}n^2-\frac{5}{2}n+4}$$

40

数列 $\{a_n\}$ の階差数列 $\{b_n\}$ は

1, 3, 5, 7, ……

これは，初項 1，公差 2 の等差数列だから

$b_n=1+(n-1)\times 2=2n-1$

$n \geqq 2$ のとき

$$a_n=3+\{1+3+5+\cdots\cdots+(2n-3)\}$$
$$=3+\frac{1}{2}(n-1)\{1+(2n-3)\}$$
$$=n^2-2n+4 \quad \text{------①}$$

ここで，①に $n=1$ を代入すると

$a_1=1^2-2\times 1+4=3$ となり，$\{a_n\}$ の初項と一致する。

よって，一般項 a_n は

$$a_n=\boldsymbol{n^2-2n+4}$$

41

数列 $\{a_n\}$ の階差数列 $\{b_n\}$ は

3, 9, 27, 81, ……

これは，初項 3，公比 3 の等比数列だから

$b_n=3\times 3^{n-1}=3^n$

$n \geqq 2$ のとき

$$a_n=1+(3+9+27+\cdots\cdots+3^{n-1})$$
$$=1+\frac{3\times(3^{n-1}-1)}{3-1}$$
$$=\frac{3^n-1}{2} \quad \text{------①}$$

ここで，①に $n=1$ を代入すると

$a_1=\frac{3^1-1}{2}=1$ となり，$\{a_n\}$ の初項と一致する。

よって，一般項 a_n は

$$a_n=\boldsymbol{\frac{3^n-1}{2}}$$

42

数列 $\{a_n\}$ の階差数列 $\{b_n\}$ は

10, 100, 1000, 10000, ……

これは，初項 10，公比 10 の等比数列だから

$b_n=10\times 10^{n-1}=10^n$

$n \geqq 2$ のとき

$$a_n=1+(10+100+1000+\cdots\cdots+10^{n-1})$$
$$=1+\frac{10\times(10^{n-1}-1)}{10-1}$$
$$=\frac{10^n-1}{9} \quad \text{------①}$$

ここで，①に $n=1$ を代入すると

$a_1=\frac{10^1-1}{9}=1$ となり，$\{a_n\}$ の初項と一致する。

よって，一般項 a_n は

$$a_n=\boldsymbol{\frac{10^n-1}{9}}$$

43

(1) $\boldsymbol{a_1=5,\quad a_{n+1}=a_n+2}$

(2) $\boldsymbol{a_1=8,\quad a_{n+1}=a_n-4}$

(3) $\boldsymbol{a_1=7,\quad a_{n+1}=5a_n}$

(4) $\boldsymbol{a_1=4,\quad a_{n+1}=-3a_n}$

44

(1) $a_1=2$

$a_2=a_1+10=2+10=\mathbf{12}$

$a_3=a_2+10=12+10=\mathbf{22}$

$a_4=a_3+10=22+10=\mathbf{32}$

(2) $a_1=5$

$a_2=2a_1+1=2\times 5+1=\mathbf{11}$

$a_3=2a_2+1=2\times 11+1=\mathbf{23}$

$a_4=2a_3+1=2\times 23+1=\mathbf{47}$

45

(1) この数列は，初項 7，公差 3 の等差数列である。

よって

$$a_n=7+(n-1)\times 3$$
$$=\boldsymbol{3n+4}$$

(2) この数列は，初項 −2，公差 6 の等差数列である。

よって

$a_n = -2 + (n-1) \times 6$

$= \mathbf{6n - 8}$

(3) この数列は，初項3，公差−5の等差数列である。

よって

$a_n = 3 + (n-1) \times (-5)$

$= \mathbf{-5n + 8}$

(4) この数列は，初項−1，公差−2の等差数列である。

よって

$a_n = -1 + (n-1) \times (-2)$

$= \mathbf{-2n + 1}$

46

(1) この数列は，初項4，公比3の等比数列である。

よって

$a_n = \mathbf{4 \times 3^{n-1}}$

(2) この数列は，初項−3，公比2の等比数列である。

よって

$a_n = \mathbf{-3 \times 2^{n-1}}$

(3) この数列は，初項5，公比−3の等比数列である。

よって

$a_n = \mathbf{5 \times (-3)^{n-1}}$

(4) この数列は，初項−6，公比−5の等比数列である。

よって

$a_n = \mathbf{-6 \times (-5)^{n-1}}$

47

(1) $b_n = a_n - 3$ とおくと　$b_{n+1} = a_{n+1} - 3$ だから

漸化式　$a_{n+1} - 3 = 4(a_n - 3)$ は

$b_{n+1} = 4b_n$ と表せる。

ここで　$b_1 = a_1 - 3 = 6 - 3 = 3$ だから

数列 $\{b_n\}$ は，初項3，公比4の等比数列であり，

一般項 b_n は

$b_n = 3 \times 4^{n-1}$

$b_n = a_n - 3$ だから

$a_n - 3 = 3 \times 4^{n-1}$

よって　$a_n = \mathbf{3 \times 4^{n-1} + 3}$

(2) $b_n = a_n + 1$ とおくと　$b_{n+1} = a_{n+1} + 1$ だから

漸化式　$a_{n+1} + 1 = 2(a_n + 1)$ は

$b_{n+1} = 2b_n$ と表せる。

ここで　$b_1 = a_1 + 1 = 4 + 1 = 5$ だから

数列 $\{b_n\}$ は，初項5，公比2の等比数列であり，

一般項 b_n は

$b_n = 5 \times 2^{n-1}$

$b_n = a_n + 1$ だから

$a_n + 1 = 5 \times 2^{n-1}$

よって　$a_n = \mathbf{5 \times 2^{n-1} - 1}$

48

(1) $a_{n+1} = 4a_n - 6$ を変形すると

$a_{n+1} - 2 = 4(a_n - 2)$　------①

$b_n = a_n - 2$ とおくと，①は $b_{n+1} = 4b_n$ と表せる。

ここで　$b_1 = a_1 - 2 = 5 - 2 = 3$ だから

数列 $\{b_n\}$ は，初項3，公比4の等比数列であり，

一般項 b_n は

$b_n = 3 \times 4^{n-1}$

$b_n = a_n - 2$ だから

$a_n - 2 = 3 \times 4^{n-1}$

よって　$a_n = \mathbf{3 \times 4^{n-1} + 2}$

(2) $a_{n+1} = 3a_n + 6$ を変形すると

$a_{n+1} + 3 = 3(a_n + 3)$　------①

$b_n = a_n + 3$ とおくと，①は $b_{n+1} = 3b_n$ と表せる。

ここで　$b_1 = a_1 + 3 = -2 + 3 = 1$ だから

数列 $\{b_n\}$ は，初項1，公比3の等比数列であり，

一般項 b_n は

$b_n = 1 \times 3^{n-1} = 3^{n-1}$

$b_n = a_n + 3$ だから

$a_n + 3 = 3^{n-1}$

よって　$a_n = \mathbf{3^{n-1} - 3}$

49

[1] $n = 1$ のとき

(左辺) $= 8$

(右辺) $= 4 \times 1^2 + 4 \times 1 = 8$

よって，(左辺) = (右辺) となるから，①は成り立つ。

[2] $n = k$ のとき，①が成り立つと仮定すると

$8 + 16 + 24 + \cdots\cdots + 8k = 4k^2 + 4k$

この式より，$n = k + 1$ のとき，①の左辺は

$8 + 16 + 24 + \cdots\cdots + 8k + 8(k+1)$

$= 4k^2 + 4k + 8(k+1)$

$= 4k^2 + 12k + 8$

$= 4(k^2 + 2k + 1) + 4(k+1)$

$= 4(k+1)^2 + 4(k+1)$

これは，①の右辺で $n = k + 1$ としたものと等しい。よって，$n = k + 1$ のときも①は成り立つ。

[1]，[2]から，①はすべての自然数 n について成り立つ。

50

数列 $\{a_n\}$ の階差数列 $\{b_n\}$ を調べると

2, 5, 11, 20, 32, …

3, 6, 9, 12, …

これは，初項3，公差3の等差数列だから

$b_n = 3 + (n-1) \times 3 = 3n$

$n \geqq 2$ のとき

$a_n = 2 + \{3 + 6 + 9 + \cdots\cdots + 3(n-1)\}$

$= 2 + \frac{1}{2}(n-1)\{3 + 3(n-1)\}$

$= \frac{3}{2}n^2 - \frac{3}{2}n + 2$　------①

ここで，①に $n = 1$ を代入すると

$a_1=\frac{3}{2}\times1^2-\frac{3}{2}\times1+2=2$ となり，$\{a_n\}$ の初項と一致する。

したがって，一般項 a_n は

$$\boldsymbol{a_n=\frac{3}{2}n^2-\frac{3}{2}n+2}$$

51

1 $n=1$ のとき

(左辺) $=4^1=4$

(右辺) $=3\times1=3$

よって，(左辺) > (右辺) となるから，①は成り立つ。

2 $n=k$ のとき，①が成り立つと仮定すると

$4^k>3k$ ------②

$n=k+1$ のとき，①の (左辺) − (右辺) は

$4^{k+1}-3(k+1)$

$=4\times4^k-3(k+1)$

$>4\times3k-3(k+1)$

$=9k-3$

$=3(3k-1)>0$

よって，②が成り立つとき

$4^{k+1}>3(k+1)$

となり，$n=k+1$ のときも①は成り立つ。

1，2から，①はすべての自然数 n について成り立つ。

52

2 個のさいころの目の出方は，全部で

$6\times6=36$（通り）

「目の数の和が 5 になる」事象を A

「目の数の和が 10 になる」事象を B とすると

$P(A)=\frac{4}{36}$，$P(B)=\frac{3}{36}$

「目の数の和が 5 または 10 になる」事象は和事象 $A\cup B$ であり，A と B は排反事象であるから，求める確率は

$P(A\cup B)=P(A)+P(B)$

$=\frac{4}{36}+\frac{3}{36}=\mathbf{\frac{7}{36}}$

53

10 人の中から 2 人を選ぶ組合せの総数は

${}_{10}C_2=\frac{10\times9}{2\times1}=45$（通り）

「2 人とも一年生である」事象を A

「2 人とも二年生である」事象を B とすると

$P(A)=\frac{{}_4C_2}{45}=\frac{6}{45}$，$P(B)=\frac{{}_6C_2}{45}=\frac{15}{45}$

「2 人が同学年である」事象は和事象 $A\cup B$ であり，A と B は排反事象であるから，求める確率は

$P(A\cup B)=P(A)+P(B)$

$=\frac{6}{45}+\frac{15}{45}=\frac{21}{45}=\mathbf{\frac{7}{15}}$

54

2 個のさいころの目の出方は，全部で

$6\times6=36$（通り）

「少なくとも 1 個は 6 の目が出る」事象を A とすると，余事象 $\overline{A}$ は「2 個とも 5 以下の目が出る」である。

2 個とも 5 以下の目である場合の数は

$5\times5=25$（通り）

よって，求める確率は

$P(A)=1-P(\overline{A})=1-\frac{25}{36}=\mathbf{\frac{11}{36}}$

55

10 本のくじの中から 2 本引く組合せの総数は

${}_{10}C_2=\frac{10\times9}{2\times1}=45$（通り）

「少なくとも 1 本は当たりくじを引く」事象を A とすると，余事象 $\overline{A}$ は「2 本ともはずれくじを引く」である。

2 本ともはずれくじを引く場合の数は

${}_7C_2=\frac{7\times6}{2\times1}=21$（通り）

よって，求める確率は

$P(A)=1-P(\overline{A})=1-\frac{21}{45}=\frac{24}{45}=\mathbf{\frac{8}{15}}$

56

確率変数 X のとる値は 0，1，2 である。

5 個の玉の中から 2 個取り出す組合せの総数は

${}_5C_2=\frac{5\times4}{2\times1}=10$（通り）

$X=0$ となる確率は，2 個とも白玉を取り出す確率であるから

$P(X=0)=\frac{{}_3C_2}{10}=\frac{3}{10}$

$X=1$ となる確率は，赤玉と白玉を 1 個ずつ取り出す確率であるから

$P(X=1)=\frac{{}_2C_1\times{}_3C_1}{10}=\frac{6}{10}$

$X=2$ となる確率は，2 個とも赤玉を取り出す確率であるから

$P(X=2)=\frac{{}_2C_2}{10}=\frac{1}{10}$

よって，X の確率分布は次の表のようになる。

X	0	1	2	計
P	$\mathbf{\frac{3}{10}}$	$\mathbf{\frac{6}{10}}$	$\mathbf{\frac{1}{10}}$	**1**

57

確率変数 X のとる値は 0，1，2 である。

11 個の玉の中から 2 個取り出す組合せの総数は

${}_{11}C_2=\frac{11\times10}{2\times1}=55$（通り）

$X=0$ となる確率は，2 個とも白玉を取り出す確率であるから

$P(X=0)=\frac{{}_7C_2}{55}=\frac{21}{55}$

$X=1$ となる確率は，赤玉と白玉を 1 個ずつ取り出す確率であるから

$P(X=1)=\frac{{}_4C_1\times{}_7C_1}{55}=\frac{28}{55}$

$X=2$ となる確率は，2 個とも赤玉を取り出す確率であるから

$P(X=2)=\frac{{}_4C_2}{55}=\frac{6}{55}$

よって，X の確率分布は次の表のようになる。

X	0	1	2	計
P	$\mathbf{\frac{21}{55}}$	$\mathbf{\frac{28}{55}}$	$\mathbf{\frac{6}{55}}$	**1**

58

$X=0$，1，2，3，4 であり，X の確率分布は次の表のようになる。

X	0	1	2	3	4	計
P	$\frac{1}{16}$	$\frac{4}{16}$	$\frac{6}{16}$	$\frac{4}{16}$	$\frac{1}{16}$	1

よって，求める X の平均は

$E(X)=0\times\frac{1}{16}+1\times\frac{4}{16}+2\times\frac{6}{16}+3\times\frac{4}{16}+4\times\frac{1}{16}$

$=\frac{32}{16}=\mathbf{2}$（枚）

59

$X=0,\ 1,\ 2,\ 3$ であり，それぞれの確率は

$$P(X=0)=\frac{{}_5C_3}{{}_9C_3}=\frac{10}{84}$$
$$P(X=1)=\frac{{}_4C_1\times{}_5C_2}{{}_9C_3}=\frac{40}{84}$$
$$P(X=2)=\frac{{}_4C_2\times{}_5C_1}{{}_9C_3}=\frac{30}{84}$$
$$P(X=3)=\frac{{}_4C_3}{{}_9C_3}=\frac{4}{84}$$

であるから，X の確率分布は次の表のようになる。

X	0	1	2	3	計
P	$\frac{10}{84}$	$\frac{40}{84}$	$\frac{30}{84}$	$\frac{4}{84}$	1

よって，求める X の平均は

$$E(X)=0\times\frac{10}{84}+1\times\frac{40}{84}+2\times\frac{30}{84}+3\times\frac{4}{84}$$
$$=\frac{112}{84}=\mathbf{\frac{4}{3}}\ (人)$$

60

確率変数 X の平均を m とすると

$$m=2\times\frac{1}{10}+3\times\frac{2}{10}+4\times\frac{2}{10}+5\times\frac{2}{10}$$
$$+7\times\frac{1}{10}+8\times\frac{1}{10}+9\times\frac{1}{10}$$
$$=\frac{50}{10}=5$$

X	P	$X-m$	$(X-m)^2$	$(X-m)^2P$
2	$\frac{1}{10}$	-3	9	$\frac{9}{10}$
3	$\frac{2}{10}$	-2	4	$\frac{8}{10}$
4	$\frac{2}{10}$	-1	1	$\frac{2}{10}$
5	$\frac{2}{10}$	0	0	0
7	$\frac{1}{10}$	2	4	$\frac{4}{10}$
8	$\frac{1}{10}$	3	9	$\frac{9}{10}$
9	$\frac{1}{10}$	4	16	$\frac{16}{10}$
計	1			$\frac{48}{10}$

上の表から，求める X の分散は

$$V(X)=\frac{48}{10}=\mathbf{\frac{24}{5}}$$

61

$X=0,\ 1,\ 2$ であり，それぞれの確率は

$$P(X=0)=\frac{{}_3C_2}{{}_5C_2}=\frac{3}{10}$$
$$P(X=1)=\frac{{}_2C_1\times{}_3C_1}{{}_5C_2}=\frac{6}{10}$$
$$P(X=2)=\frac{{}_2C_2}{{}_5C_2}=\frac{1}{10}$$

X	P	XP	X^2P
0	$\frac{3}{10}$	0	0
1	$\frac{6}{10}$	$\frac{6}{10}$	$\frac{6}{10}$
2	$\frac{1}{10}$	$\frac{2}{10}$	$\frac{4}{10}$
計	1	$\frac{4}{5}$	1

上の表から，求める X の分散は

$$V(X)=E(X^2)-m^2$$
$$=1-\left(\frac{4}{5}\right)^2=\mathbf{\frac{9}{25}}$$

また，X の標準偏差は

$$\sigma(X)=\sqrt{V(X)}$$
$$=\sqrt{\frac{9}{25}}=\mathbf{\frac{3}{5}}$$

62

$X=0,\ 1,\ 2,\ 3,\ 4,\ 5$ で，さいころをくり返し5回投げる試行は反復試行であり，1回の試行で，5以上の目が出る確率は $\frac{1}{3}$ であるから

$$P(X=r)={}_5C_r\left(\frac{1}{3}\right)^r\left(1-\frac{1}{3}\right)^{5-r}$$
$$(r=0,\ 1,\ 2,\ 3,\ 4,\ 5)$$

である。

よって，X は二項分布 $B\left(5,\ \frac{1}{3}\right)$ にしたがい，X の確率分布は次の表のようになる。

X	**0**	**1**	**2**	**3**	**4**	**5**	計
P	$\mathbf{\frac{32}{243}}$	$\mathbf{\frac{80}{243}}$	$\mathbf{\frac{80}{243}}$	$\mathbf{\frac{40}{243}}$	$\mathbf{\frac{10}{243}}$	$\mathbf{\frac{1}{243}}$	**1**

63

$X=0,\ 1,\ 2,\ 3$ で，袋から玉をくり返し3回取り出す試行は反復試行であり，1回の試行で，赤玉が出る確率は $\frac{2}{5}$ であるから

$$P(X=r)={}_3C_r\left(\frac{2}{5}\right)^r\left(1-\frac{2}{5}\right)^{3-r}$$
$$(r=0,\ 1,\ 2,\ 3)$$

である。

よって，X は二項分布 $B\left(3,\ \frac{2}{5}\right)$ にしたがい，X の確率分布は次の表のようになる。

X	**0**	**1**	**2**	**3**	計
P	$\mathbf{\frac{27}{125}}$	$\mathbf{\frac{54}{125}}$	$\mathbf{\frac{36}{125}}$	$\mathbf{\frac{8}{125}}$	**1**

64

1 回投げて 3 の倍数の目が出る確率 p は $p=\frac{1}{3}$ だから，X は二項分布 $B\left(100,\ \frac{1}{3}\right)$ にしたがう。

よって　平均　$E(X)=100\times\frac{1}{3}=\mathbf{\frac{100}{3}}$

分散　$V(X)=100\times\frac{1}{3}\times\left(1-\frac{1}{3}\right)=\mathbf{\frac{200}{9}}$

標準偏差　$\sigma(X)=\sqrt{\frac{200}{9}}=\mathbf{\frac{10\sqrt{2}}{3}}$

65

1 個選んで不良品である確率 p は $p=\frac{1}{10}$ だから，X は二項分布 $B\left(100,\ \frac{1}{10}\right)$ にしたがう。

よって　平均　$E(X)=100\times\frac{1}{10}=\mathbf{10}$

分散　$V(X)=100\times\frac{1}{10}\times\left(1-\frac{1}{10}\right)=\mathbf{9}$

標準偏差　$\sigma(X)=\sqrt{9}=\mathbf{3}$

66

それぞれの範囲で，確率密度関数が表すグラフと x 軸ではさまれる部分の面積を求めると

(1) $P(0\leqq X\leqq 1)=\frac{1}{2}\times 1\times\frac{2}{3}=\mathbf{\frac{1}{3}}$

(2) $P(1\leqq X\leqq\sqrt{3})=\frac{1}{2}\times\left(\frac{2}{3}+\frac{2\sqrt{3}}{3}\right)\times(\sqrt{3}-1)$
$=\frac{(\sqrt{3}+1)(\sqrt{3}-1)}{3}=\mathbf{\frac{2}{3}}$

別解

$P(1\leqq X\leqq\sqrt{3})=1-P(0\leqq X\leqq 1)$
$=1-\frac{1}{3}$
$=\mathbf{\frac{2}{3}}$

67

求める確率は，$1\leqq x\leqq 3$ の範囲で確率密度関数が表すグラフと x 軸ではさまれる台形部分の面積であるから

$P(1\leqq X\leqq 3)=\frac{1}{2}\times\left(\frac{1}{2}+\frac{1}{6}\right)\times(3-1)$
$=\frac{1}{2}\times\frac{2}{3}\times 2$
$=\mathbf{\frac{2}{3}}$

68

(1) 正規分布表から
$P(0\leqq Z\leqq 1.75)=\mathbf{0.4599}$

(2) 正規分布表から
$P(0\leqq Z\leqq 3)=\mathbf{0.4987}$

69

(1) 分布曲線は左右対称であるから
$P(-1.52\leqq Z\leqq 0)=P(0\leqq Z\leqq 1.52)$
$=\mathbf{0.4357}$

(2) 分布曲線は左右対称であるから
$P(-1\leqq Z\leqq 0)=P(0\leqq Z\leqq 1)$
$=\mathbf{0.3413}$

70

(1) $P(-2\leqq Z\leqq 0.5)$
$=P(-2\leqq Z\leqq 0)+P(0\leqq Z\leqq 0.5)$
$=P(0\leqq Z\leqq 2)+P(0\leqq Z\leqq 0.5)$
$=0.4772+0.1915$
$=\mathbf{0.6687}$

(2) $P(2\leqq Z\leqq 3)$
$=P(0\leqq Z\leqq 3)-P(0\leqq Z\leqq 2)$
$=0.4987-0.4772$
$=\mathbf{0.0215}$

71

(1) $P(Z\leqq 1.2)$
$=P(Z\leqq 0)+P(0\leqq Z\leqq 1.2)$
$=0.5+0.3849$
$=\mathbf{0.8849}$

(2) $P(Z\leqq -2)$
$=P(Z\leqq 0)-P(-2\leqq Z\leqq 0)$
$=P(Z\leqq 0)-P(0\leqq Z\leqq 2)$
$=0.5-0.4772$
$=\mathbf{0.0228}$

72

$Z=\frac{X-30}{4}$ とおくと，Z は標準正規分布 $N(0,\ 1)$ にしたがう。

$X=20$ のとき　$Z=\frac{20-30}{4}=-2.5$

$X=36$ のとき　$Z=\frac{36-30}{4}=1.5$

よって

$P(20\leqq X\leqq 36)$
$=P(-2.5\leqq Z\leqq 1.5)$
$=P(-2.5\leqq Z\leqq 0)+P(0\leqq Z\leqq 1.5)$
$=P(0\leqq Z\leqq 2.5)+P(0\leqq Z\leqq 1.5)$
$=0.4938+0.4332$
$=\mathbf{0.9270}$

73

$Z=\frac{X-50}{10}$ とおくと，Z は標準正規分布 $N(0,\ 1)$ にしたがう。

$X=45$ のとき　$Z=\frac{45-50}{10}=-0.5$

よって

$P(X \leqq 45)$
$= P(Z \leqq -0.5)$
$= P(Z \leqq 0) - P(-0.5 \leqq Z \leqq 0)$
$= P(Z \leqq 0) - P(0 \leqq Z \leqq 0.5)$
$= 0.5 - 0.1915$
$= \mathbf{0.3085}$

74

テストの得点を X 点とすると，X は正規分布 $N(60,\ 20^2)$ にしたがう。

ここで，$Z = \dfrac{X-60}{20}$ とおくと，Z は標準正規分布 $N(0,\ 1)$ にしたがう。

$X = 80$ のとき　$Z = \dfrac{80-60}{20} = 1$

$X = 90$ のとき　$Z = \dfrac{90-60}{20} = 1.5$

よって

$$\begin{aligned} P(80 \leqq X \leqq 90) &= P(1 \leqq Z \leqq 1.5) \\ &= P(0 \leqq Z \leqq 1.5) - P(0 \leqq Z \leqq 1) \\ &= 0.4332 - 0.3413 \\ &= 0.0919 \end{aligned}$$

したがって，求める人数は

$400 \times 0.0919 = 36.76$　　**およそ 37 人**

75

表が出る回数を X とすると，X は二項分布 $B\left(400,\ \dfrac{1}{2}\right)$ にしたがうから

$E(X) = 400 \times \dfrac{1}{2} = 200$

$V(X) = 400 \times \dfrac{1}{2} \times \left(1 - \dfrac{1}{2}\right) = 100$

$\sigma(X) = \sqrt{100} = 10$

$n = 400$ は十分に大きいと考えられるので，X は近似的に正規分布 $N(200,\ 10^2)$ にしたがう。

ここで，$Z = \dfrac{X-200}{10}$ とおくと，Z は標準正規分布 $N(0,\ 1)$ にしたがう。

$X = 190$ のとき　$Z = \dfrac{190-200}{10} = -1$

$X = 210$ のとき　$Z = \dfrac{210-200}{10} = 1$

よって

$$\begin{aligned} P(190 \leqq X \leqq 210) &= P(-1 \leqq Z \leqq 1) \\ &= 2 \times P(0 \leqq Z \leqq 1) \\ &= 2 \times 0.3413 \\ &= \mathbf{0.6826} \end{aligned}$$

76

(1)　**標本調査**
(2)　**全数調査**
(3)　**標本調査**

77

乱数表で無作為に場所を決め，そこから右に数字を選び，40 以下の数を 6 個選べばよい。

78

$m = 60,\ \sigma = 20,\ n = 100$ だから

$E(\overline{X}) = m = \mathbf{60}$

$\sigma(\overline{X}) = \dfrac{\sigma}{\sqrt{n}} = \dfrac{20}{\sqrt{100}} = \mathbf{2}$

79

(1)　確率分布表から

$m = 0 \times \dfrac{1}{4} + 1 \times \dfrac{2}{4} + 2 \times \dfrac{1}{4} = \dfrac{4}{4} = \mathbf{1}$

$\sigma = \sqrt{(0-1)^2 \times \dfrac{1}{4} + (1-1)^2 \times \dfrac{2}{4} + (2-1)^2 \times \dfrac{1}{4}}$
$= \sqrt{\dfrac{2}{4}} = \mathbf{\dfrac{\sqrt{2}}{2}}$

別解

> $0^2 \times \dfrac{1}{4} + 1^2 \times \dfrac{2}{4} + 2^2 \times \dfrac{1}{4} = \dfrac{3}{2}$
> よって，母集団の分散は
> $\dfrac{3}{2} - 1^2 = \dfrac{1}{2}$
> したがって　$\sigma = \sqrt{\dfrac{1}{2}} = \mathbf{\dfrac{\sqrt{2}}{2}}$

(2)　$E(\overline{X}) = m = \mathbf{1}$

$\sigma(\overline{X}) = \dfrac{\sigma}{\sqrt{n}} = \dfrac{\sqrt{2}}{2} \div \sqrt{8} = \dfrac{\sqrt{2}}{2 \times 2\sqrt{2}} = \mathbf{\dfrac{1}{4}}$

80

標本平均を $\overline{X}$ とすると，$m = 65,\ \sigma = 16,\ n = 64$ だから，$\overline{X}$ の分布は近似的に正規分布 $N\left(65,\ \dfrac{16^2}{64}\right)$ すなわち，$N(65,\ 2^2)$ にしたがう。

よって，$Z = \dfrac{\overline{X}-65}{2}$ とおくと，Z は標準正規分布 $N(0,\ 1)$ にしたがう。

$\overline{X} = 60$ のとき　$Z = \dfrac{60-65}{2} = -2.5$

$\overline{X} = 69$ のとき　$Z = \dfrac{69-65}{2} = 2$

よって

$$\begin{aligned} P(60 \leqq \overline{X} \leqq 69) &= P(-2.5 \leqq Z \leqq 2) \\ &= P(0 \leqq Z \leqq 2.5) + P(0 \leqq Z \leqq 2) \\ &= 0.4938 + 0.4772 = \mathbf{0.9710} \end{aligned}$$

81

$\overline{X} = 65.42,\ \sigma = 15.00,\ n = 400$ だから，母平均 m の信頼度 95 %の信頼区間は

$$65.42 - 1.96 \times \frac{15.00}{\sqrt{400}} \leqq m \leqq 65.42 + 1.96 \times \frac{15.00}{\sqrt{400}}$$
$$63.95 \leqq m \leqq 66.89$$

よって，母平均は信頼度 95 %で

63.95 点以上 66.89 点以下

と推定される。

82

「さいころは正しく作られている」と仮説を立てる。
問題文より，有意水準を 5 %とする。
6 の目が出る回数 X は，二項分布 $B\left(180,\ \frac{1}{6}\right)$ にしたがうので

$$E(X)=180\times\frac{1}{6}=30$$

$$\sigma(X)=\sqrt{180\times\frac{1}{6}\times\left(1-\frac{1}{6}\right)}=5$$

$n=180$ は十分に大きいと考えられるので，X は近似的に正規分布 $N(30,\ 5^2)$ にしたがう。
ここで，$Z=\frac{X-30}{5}$ とおくと，Z は標準正規分布 $N(0,\ 1)$ にしたがう。
$X=39$ のとき，$Z=\frac{39-30}{5}=1.8$ であるから，正規分布表より

$$\begin{aligned}P(X\geqq 39)&=P(Z\geqq 1.8)\\&=0.5-0.4641=0.0359\end{aligned}$$

すなわち，約 3.6 %である。
有意水準 5 %と比べて，この確率 3.6 %は小さい。
よって，最初に立てた仮説は否定される。
したがって，「さいころは正しく作られているとはいえない」と判断できる。

83

$m=54,\ \sigma=12$ だから
実さんの得点の偏差値は

$$\begin{aligned}\left(\frac{42-54}{12}\right)\times 10+50&=-\frac{12}{12}\times 10+50\\&=-10+50=\mathbf{40}\end{aligned}$$

教子さんの得点の偏差値は

$$\begin{aligned}\left(\frac{69-54}{12}\right)\times 10+50&=\frac{15}{12}\times 10+50\\&=12.5+50=\mathbf{62.5}\end{aligned}$$